一本书看懂

尹家琦 / 著
郑　巍 / 绘
马炳坚 / 审

人民邮电出版社
北京

图书在版编目（CIP）数据

一本书看懂故宫建筑 / 尹家琦著 ; 郑巍绘. -- 北京 : 人民邮电出版社, 2023.10
ISBN 978-7-115-61881-8

Ⅰ. ①一… Ⅱ. ①尹… ②郑… Ⅲ. ①故宫一建筑艺术一图集 Ⅳ. ①TU-092.2

中国国家版本馆CIP数据核字(2023)第121540号

内 容 提 要

您知道北京故宫太和殿上、下檐的斗栱是什么类型的吗？知晓太和门里的天花是什么彩画吗？清康熙年间的殿试在哪里举行呢？每年的皇家祭祖又是在哪里进行的呢？

本书主要选取了北京故宫中轴线上的午门、太和门、太和殿、中和殿、保和殿、乾清宫、交泰殿和坤宁宫，东路上的奉先殿和皇极殿，以及西路上的养心殿等十一处城门或殿宇，以北京故宫建筑中必不可少的元素——斗栱，串联起全书的内容。从外朝的国家大事到内廷的颐养天年，从建筑形制到礼仪、节气，翻开本书，一幅幅与之相关的精美手绘图将缓缓展开，陪您一起了解北京故宫。

本书适合对传统建筑、对故宫感兴趣的读者阅读。

◆ 著　　　尹家琦
绘　　　郑　巍
责任编辑　魏夏莹
责任印制　周昇亮

◆ 人民邮电出版社出版发行　　北京市丰台区成寿寺路 11 号
邮编　100164　　电子邮件　315@ptpress.com.cn
网址　https://www.ptpress.com.cn
雅迪云印（天津）科技有限公司印刷

◆ 开本：700×1000　1/16
印张：6　　　　　　2023 年 10 月第 1 版
字数：154 千字　　　2023 年 10 月天津第 1 次印刷

定价：59.80 元

读者服务热线：(010)81055296　印装质量热线：(010)81055316
反盗版热线：(010)81055315
广告经营许可证：京东市监广登字 20170147 号

序　一

本书的核心内容构思于辛丑年（2021 年）腊月，中间历经几次增添和修改，于壬寅年（2022 年）腊月收尾。

梁思成先生认为建筑是有民族性的，建筑记录了它所承载的历史，反映了时代的步伐。

有不少人误以为搞建筑史研究的都是老学究。记得十几年前我参加学校的面试，试讲完北京城的历史变迁这一内容后，当时的系主任笑着对我说，你很像个老学究啊。我当时手足无措，颇为尴尬，总觉得那不是在夸奖我讲得好。

其实我所认识的研究建筑史的人都是很有趣的，他们思维活跃，有充沛的体力和精力，懂得欣赏美好的事物。

人类社会是群居社会，过去一大家子生活在一个大院子里，热热闹闹的。即便是故宫（若无特别标注，本书所指故宫均为北京故宫），也是由若干座单体建筑围合起来，形成一个又一个的院子，每个院子相对封闭，又能彼此连通，它们是一个整体。

我在构思本书的内容时，会将自己置于其中：从正阳门到天安门，再从天安门一步步走进故宫，如同漫步于一幅手绘长卷。每到一处，时间与空间都在变换和流动，所看到的建筑轮廓、各种景观都在不断地改变着，一个又一个新画面出现，乍看似曾相识，实则千变万化。

本书每章都会介绍一种或几种斗栱。斗栱不只是装饰构件，它对于古建筑的结构具有重要意义。不知道从何时开始，古建筑及其构件被人们赋予了过多的“文化”，仿佛没点故事，就没法吸引人去了解它了。殊不知越是故弄玄虚，越会让人敬而远之，人们还没开始了解呢，就觉得它太繁杂了，肯定搞不懂。虽然本书是面向大众的通识类读物，但我仍希望书中的内容多一些理性、克制，少一些主观、臆断。

“多少事，从来急；天地转，光阴迫。”2022 年，我们都经历了太多事。在崭新的 2023 年，我继续相信世间的美好从未缺席，我们都会开启新的篇章，共同迈步前行！

2023 年 4 月 30 日

尹家琦

序　二

记得第一次去北京看故宫还是在1993年夏天，那时的故宫只开放了一小部分，只展示三大殿和几个有趣的馆。参观每个大殿都得单独买票，票价虽不高，却也挺麻烦的。于是当时还是个小孩子的我调皮顽劣——个子小，随着人流混进了一个又一个的宫殿展厅，在这个经历了明清两代600多年变迁的建筑群中尽情玩耍。直到太阳下山，光线开始慢慢变得昏暗，管理员催促离场的呼声变得急促，我都还沉浸在钟表馆中久久不愿离去。

大学毕业后，我再次去了故宫。这次我已是成人，儿时记忆中让我流连不已的钟表馆不再对我有任何的吸引力。正当我踱步思考行程时，我一抬头，看见那巍峨的殿宇内支撑住整个殿顶的斗栱，眼中突然燃起了一团火，心中的温度在急速上升，一种莫名的融合感与认同感油然而生。对，去看斗栱。斗栱是中国古代建筑中最具特色的符号，也是中华民族的建筑风格不同于其他民族的特征之一。它们一层层、一摞摞，排列整齐，穿插有序。我顺着殿中的布置陈列。再向上看去，结合殿顶的设计，威压感一下由心底蹦出，整个宫殿都彰显着皇家的庄严与气势。

如今，每当拿出当年在故宫的留影，我都会感慨于中国历史悠久，有很多杰出建筑创造了世界建筑史上的奇迹。我们今天所看到的很多古建筑都是先民们智慧的结晶。这些建筑中，有一些是古代宫殿建筑群，比如像故宫这样包括皇帝的寝宫、后妃们的住所、皇家园林等的建筑群，还有一大批是体现不同时代风格的建筑，比如岳阳楼、布达拉宫、圆明园等。但它们都有一个重要特点，那就是它们都是由不同时代的人民按照我们五千年来一脉相承的文化创造出来的。这就意味着，通过故宫这扇窗，我们可以去了解历史。这也意味着，通过这些建筑，我们可以了解到中国人对世界作出的贡献。

故宫，这一世界上最大、最完整的木结构建筑群，是中国古代建筑艺术的集大成者，它与我们祖先对世界的贡献一样伟大。如今，它又被赋予了新的意义，成为全球华人了解中国历史，认识中国古代建筑艺术成就及影响的重要窗口。

2023年3月31日

郑巍

目录

〖五　凤　来　仪〗

WU FENG LAI YI

◆ 午门 ◆

WU MEN

又一次来到天安门广场看升旗仪式，轻度“社恐”的我被身边激动又兴奋的人们所感染，不经意间眼眶晶莹一片：百年前的中国人身处水深火热中，旧的社会已然崩塌，然而战争与苦难都无法摧垮人民对未来美好社会的向往。不同于身边不停按快门、忙于自拍的游人，我想从不同的视角去探寻那些熟悉又陌生的建筑，不由得加快脚步继续向南走，终于看到一处灰色的高大建筑，这是清北京城的正南门——正阳门的箭楼（图 1）。

图 1　正阳门的箭楼

北京城的每一座城门外侧都设有瓮城，在瓮城的前端设箭楼。其中，正阳门的箭楼设有券洞门，并在瓮城两侧设闸门，平时通车马行人，战时将闸门的闸板放下，闸门上有楼，并开有箭窗作为防护。内城城楼均在城台下设券洞门，城台上建三重檐楼阁式建筑。

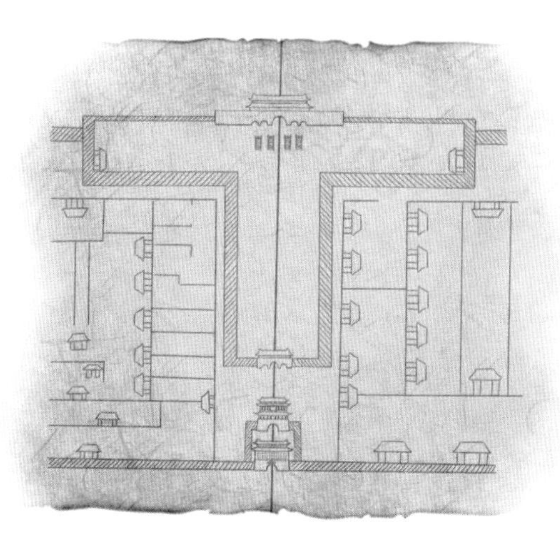

图 2　中轴线上的正阳门 — 大清门 — 天安门

清北京皇城的正南门叫作“天安门”，天安门是明清两代北京皇城的正门，始建于明永乐十五年（1417 年），最初名“承天门”，寓“承天启运、受命于天”之意。其设计者为明代御用建筑匠师蒯祥。清顺治八年（1651 年），承天门更名为“天安门”。故宫的正南门叫作午门，正阳门、天安门、午门这三座门都坐落在北京城的中轴线上（图 2），使故宫雄踞北京城的正中央。

由天安门向北走，沿着一条纵深而宽阔的甬道，穿过端门，继续向北走到尽头，一座高大的城楼以雄浑的姿态，矗立在这里，直面着走近它的人们。

◎建筑形制

午门是皇宫的正门，其平面呈“凹”字形，城台用城砖砌筑，下开五个外方内圆的门洞。午门廊庑两边有东西两阙楼，形成一楼中立，两翼突出，势若朱雁展翅的景象，因此又称为“五凤楼”。北宋东京皇城宣德门的布局对明清故宫午门有一定影响（图3）。

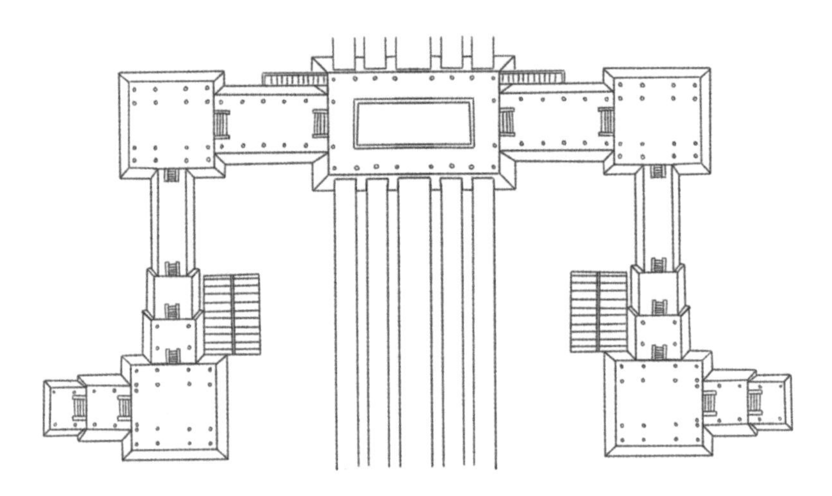

图3　作者的硕士毕业论文《北宋东京皇城宣德门研究》中的自绘图

在古人的天文观念中，东西南北四个方位各有一种神兽作为象征，东苍龙、西白虎、南朱雀、北玄武(图4)，故宫是按青龙、白虎、朱雀、玄武这四个方位来规划建城的，宫门按照四方神——左苍龙，右白虎，前朱雀，后玄武来命名，玄武门是故宫宫城最北面的门，北方对应的是玄武，所以称玄武门，后来避帝王名讳“玄”字，改为神武门。宫城最南端的午门又叫“五凤楼”，是对应了南方朱雀的缘故。

图4　四方位图

五凤楼之名最晚出现于宋代，北宋东京皇城宣德门也被称为“五凤楼”，它的城门楼布局形式对明清故宫午门的布局有一定影响，五个门洞和城门阙的建筑形制都是类似的。《宋史》中记载：宋太祖乾德年间修大内，右拾遗梁周翰献上《五凤楼记》，当时即广为传颂。宋太宗时，宋白、贾黄中、吕蒙正、李至、苏易简五人一同为翰林学士，扈蒙赠诗曰：五凤齐飞入翰林。

《拾遗记》中载，少昊时有五凤，随方之色，集于帝庭，以表明四方向化，万国来王。“五”，一是与“午门”（图 5）的“午”同音，二是指五行中位于正南方的“午”位。

图 5 午门，因为午门的平面呈“凹”字形，从正面乍一看只有三个门洞，但是它的两侧还有左掖门和右掖门，只有到背面才能看到完整的五个门洞，所以是俗称“明三暗五”。

图 5　午门

午门的墩台高 12 米，正中辟三门，两侧各有一东西向之掖门，为“明三暗五”的形制。墩台上正中建门楼，面阔九间，通面宽约 62 米，通进深约 28 米，重檐庑殿顶，上覆黄琉璃瓦。自城墙下地面至正吻，通高约 38 米。正楼左右设有钟鼓亭，各三间，两翼各设廊庑十三间，廊庑两端各建阙楼，共四座。阙门向南形成 9900 平方米的广场，门前御路左设嘉量，右设日冕。四门墩台内侧各有马道直达城台顶面，有道路相通，便于防卫联络。

午门正中门楼的下檐斗栱形制为单翘重昂溜金斗栱，其上檐斗栱形制为重翘重昂九踩（图6～图8）。

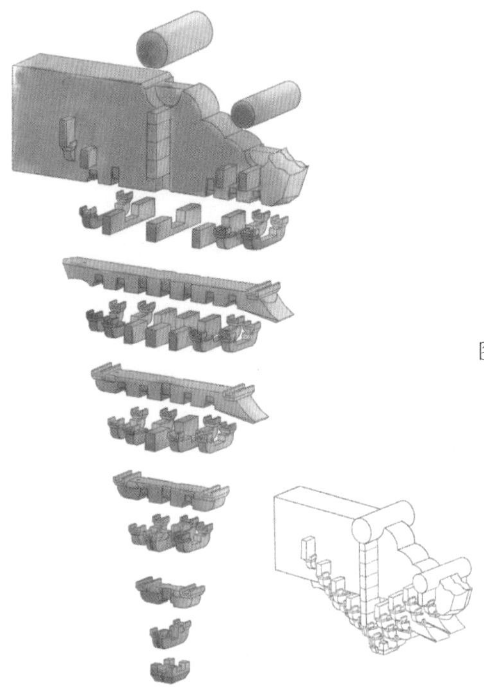

图 6　重翘重昂柱头科九踩斗栱

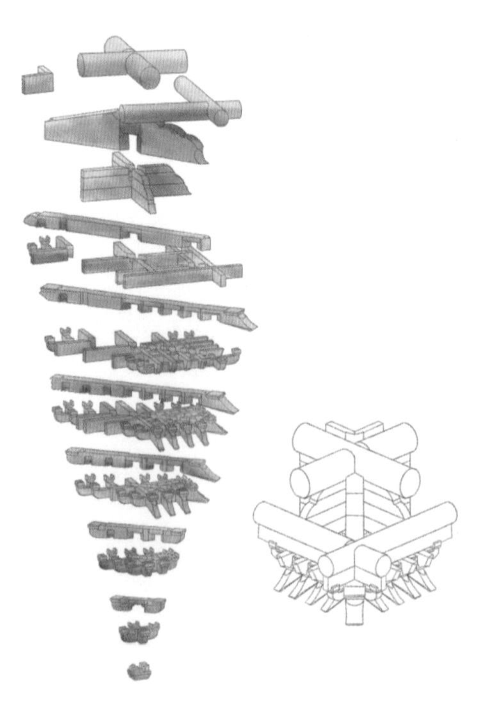

图 7　重翘重昂角科九踩斗栱

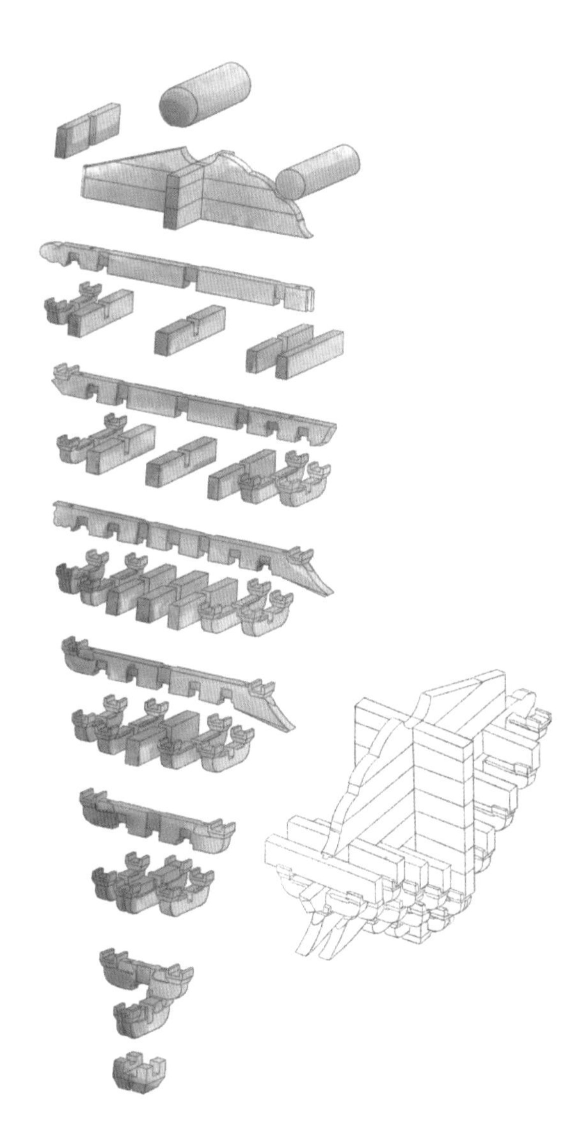

图 8 重翘重昂平身科九踩斗栱

清代斗栱的翘、昂的长短以伸出的远近而定，每伸出一层，在里面和外面各加一排栱，这叫“出踩”。“踩”是指俯瞰斗栱时，横向构件（各类横栱、枋）和纵向构件（各种昂、翘）交点的数目，例如正心一踩，里外各出一踩，共“三踩”。清式斗栱的出踩常为单数，如三踩、五踩、七踩、九踩、十一踩、十三踩。

午门不仅是紫禁城等级最高、体积最大的一座城门，也是中国古代建筑门阙合一形式的完美体现。

◎礼仪规定

《宫词》中有“禁钟初定午门开，庙祀方虔法驾回”的记述。皇帝祭祀社稷坛出午门时鸣钟，祭祀天坛、地坛出午门时击鼓，遇有大典，则钟鼓齐鸣。

午门正中的门洞是皇帝专用的御道，在特定的条件下，还有两种人可以走一次。一是皇帝大婚时，皇后的喜舆要从中间的门洞抬入皇宫；二是科举考试中最高等级的殿试传胪时，状元、榜眼、探花从此门出宫，以彰显皇帝对知识分子的重视和特殊恩宠。平日里，文武大臣出入走东门，宗室王公走西门；左右掖门平时不开，在举行大朝会时，文东武西，分别由左右掖门鱼贯而入。每月逢“五”，清晨5点左右，上朝的百官身穿朝服，在午门前等候传进。门禁森严，不得逾越（图9）。

图9　礼仪规定

◎进春礼

《清宫词》中记载：“春图依样制春山，春部修成春表章。交泰乾清春座入，保和东阁满春光。”每年立春时，顺天府要按钦天监所进《春图》，制三座春山，名叫“春座”。大兴、宛平县令将象征春耕和丰收的春山和春牛抬到午门前，举行“进春礼”，象征从这一天起，全国将开始春耕播种，并预祝这一年风调雨顺，五谷丰登。

春牛又称为“土牛”，是泥塑的仿真牛，象征着春耕和丰收；春山是一种装饰性的牌坊，用金银珠翠等物制成。从周朝起，每个王朝的立春日都有这种风俗，京师的地方官员将春牛抬到午门前，然后击打，象征春耕即将开始（图10）。

图10　打春牛

◎献俘礼

明清两代在结束重大征战后，会在午门前举行隆重的献俘礼（图 11），借此显示帝王威仪，扬军威、展国威。

举行献俘礼的当天，在午门外左右两观排设皇帝的法驾卤簿，在午门之下设前部大乐，在法驾卤簿之南设金鼓铙歌。届时，文武百官齐集阙下，午门楼上鸣钟，皇帝着衮冕龙袍乘舆出宫，在礼乐声中从午门后的西马道登临午门城楼，坐在城楼正中檐下设好的御座上。

皇帝在午门城楼上听完兵部官员的奏报，看到俘囚匍匐在地，发出的指示惯常都是："所献俘交刑部。"有时候也会当场赦免俘囚，以彰显胸怀宽广。

图 11　卤簿仪仗中的大象

〖御　门　听　政〗
YU MEN TING ZHENG

太和门

TAI HE MEN

走在巨石铺成的中央御道上，进入午门内。在规制严整的庭院中，一条玉带形的渠水自西北向东南蜿蜒流过，在太和门前广场形成一个优美的拱形渠，称为“内金水河”（图 1），上架五座精美的桥，桥侧与河畔有洁白的汉白玉栏杆。跨过雕栏玉砌、景致动人的内金水河，迎面便是雄伟的太和门。

皇帝每次出宫，都先从宫里乘舆到太和门，然后改乘銮辇出午门。

图 1　内金水河鸟瞰图

◎等级制度

这五座石桥为单孔拱券式：正中主桥位于中央御道上，是皇帝专用的御路桥，长 23.5 米，宽 6 米，是紫禁城中最雄伟、最壮观的一座桥；两座宾桥称“王公桥”，是供宗室王公走的；再次两座宾桥称“品级桥”，是三品以上文武大臣走的。

河上五座桥象征孔子所提倡的五德，即仁、义、礼、智、信内金水河外观像支弓，中轴线就是箭，这表明皇帝受命于天，代天治理国家。

图2 外金水河

皇宫中的水系都有着一定的象征意义。秦朝宫殿从渭水北岸的咸阳宫，铺展到南岸的阿房宫，中间横渡渭水，象征星象中阁道越过银河，抵达营室的结构。自此，后来的朝代每建造一座皇宫，必引一条渠水流经宫中，象征银河。午门内的河段为内金水河，天安门前与护城河相接的河段为外金水河（图2）。内金水河的实用意义在于：方便排泄雨水，观鱼赏荷；营造工程时，便于取水配制灰泥；失火时，则作为救火的重要水源。

◎御门听政

太和门（图3）位于午门之北，为故宫三大殿的正门，亦是外朝的大门，明初称“奉天门”，后称“皇极门”，清称“太和门”。明代，这里是皇帝御门听政的地方。古人非常重视“天人感应”，认为露天听政可以把皇帝贤明勤政之心传达给上天。顺治在此举行御极登位仪式，成为清代第一位皇帝。

图3 太和门

◎建筑形制

太和门坐落在3米多高的汉白玉须弥座高台（图4）上，属于殿式门，上覆重檐歇山顶，面阔九开间。殿式门与宫殿式建筑的差别体现在，殿式门前后不设墙壁，而在内柱间安装板门。太和门台阶前陈设一对明代铸造的铜狮。

太和门的梁架上施以金龙和玺彩画，和玺彩画分为金龙和玺、龙凤和玺、龙草和玺、金凤和玺、凤草和玺等，而金龙和玺是其中等级最高的。

外檐旋子彩画的盒子的四角称为“岔角”，岔角用多色彩云画成，称“岔角云”，云纹轮廓沥粉贴金，云内多层退晕，称“金琢墨岔角云”。

图4　太和门正立面

清工部《工程做法》称坐龙天花（图5、图6）为“正面龙天花”，其做法是清式天花彩画高级做法之一。天花的一种做法为：方、圆鼓子线均沥双线大粉，岔角云沥二路单线粉并贴金，云内添色并蟹退，是为金琢墨做法。

图5　太和门金琢墨轱辘燕尾绿支条金琢墨岔角云坐龙天花

图 6　坐龙天花细节

太和门东侧为昭德门、西侧为贞度门（图 7），同左右两翼的协和门（图 8）、熙和门（图 9）及南面的午门经连排的庑房相互联系，围成一个面积约为 26000 平方米的广场。

图 7　贞度门

图 8 协和门

广场的东庑中部，是一座通往皇宫东区的门，明代叫“左顺门”“会极门”，清代叫“协和门”。这一列房屋是清代稽查钦奉上谕处和内阁制敕房这两个枢密机构的所在地，东庑前面的场地是礼部、鸿胪寺执事官在典礼活动前演习礼仪的地方。

西庑与东庑对称，西庑中部有一座通往皇宫西部的门，明代叫“右顺门”“归极门”，清代叫“熙和门”。这一列房屋是翻书房（掌管满汉文对译的机构）和起居注馆（负责记载皇帝每日有关政务的言行）所在地，官员们轮流值宿在宫中，参加并见证皇帝每天的政务活动。

协和门和熙和门结构尺度相同，面阔五间，进深七檩，为中柱式大木结构，彻上明造，檐下为单昂三踩斗栱，施旋子彩画，屋面为单檐歇山顶，上覆黄琉璃瓦，大门建在 2 米多的高台上，门前后均有 10 多米长的礓礤慢道。

图 9 熙和门

现今的太和门是清光绪二十年（1894 年）重建的。由于太和门遭受过火灾，重建后的太和门有“旱地流水”之说：在太和门的丹墀上，有一块压口条石，其含有石英成分，在阳光的照射下能闪烁发光，像有水在上面流淌，以此压火，取意吉祥。

〖国 朝 大 典〗

GUO CHAO DA DIAN

太和殿

TAI HE DIAN

走进太和门，便置身于一个大广场，远处正前方是汉白玉雕砌的三层须弥座台基（图 1），台基平面呈“土”字形，这三重高大的台基承托着雄伟的三大殿：太和殿、中和殿、保和殿（图 2）。

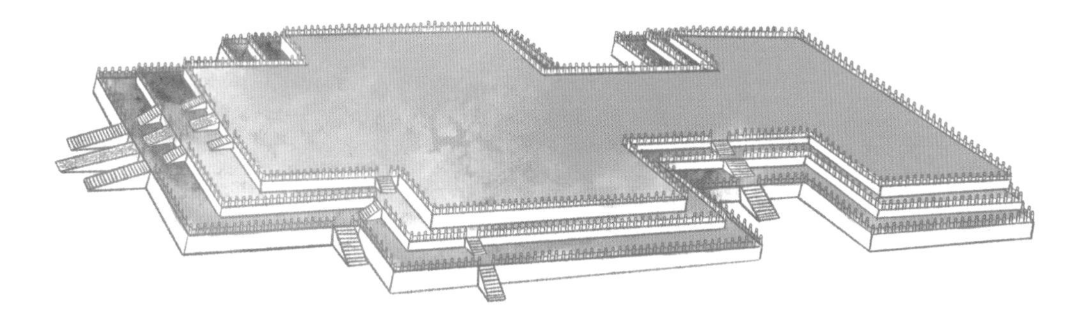

图 1　故宫三大殿三层台基

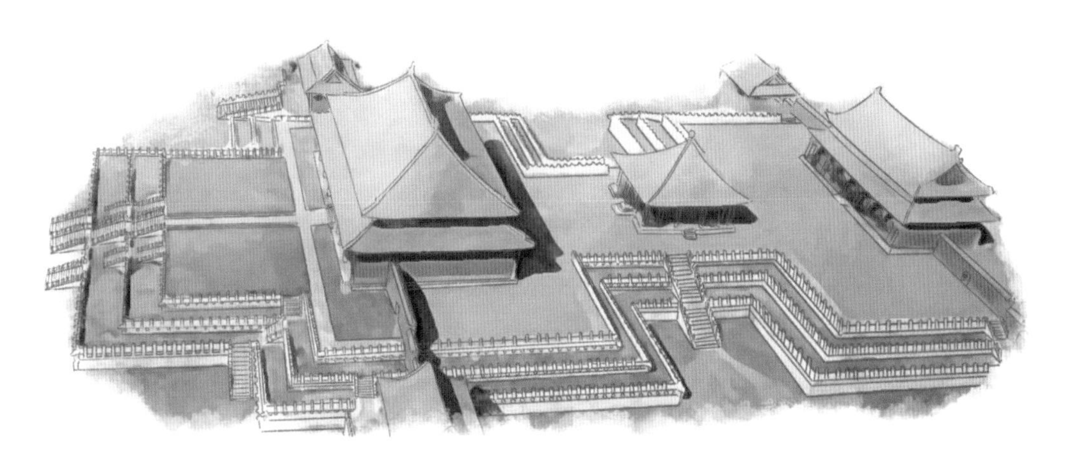

图 2　故宫三大殿鸟瞰图

太和殿（图 3、图 4）是故宫的正殿，被视为皇权的象征，明初称“奉天殿”，后改称“皇极殿”，清代称“太和殿”。这里是皇帝举行典礼的场所。

按照五行，土（太和殿的台基平面呈“土”字形）居中央，象征着这里是天下的中心；三重台基对应着太微垣中逐级上升的三组名为“三台”的星宿，是皇帝天子身份的特殊体现。

图 3　太和殿外立面

“和”是将多样性统一起来，《中庸》有云：“中也者，天下之大本也；和也者，天下之达道也。致中和，天地位焉，万物育焉。”这一观点把宇宙万物的存在都视为“中和”的结果。

图 4　太和殿正立面局部

皇家礼仪分为五大类：吉、嘉、宾、军、凶。吉礼用于祭祀，嘉礼用于庆贺，宾礼用于待客，军礼用于征伐，凶礼用于哀忧。

皇帝在太和殿（图 5）举行登基大典；每年的元旦、冬至、万寿节（皇帝生日）三大节，皇帝都在此举行大朝；遇有战事，皇帝在此举行亲征礼仪；皇帝大婚，会在此举行大婚；每年还要在太和殿举行盛大的国宴。

图 5　太和殿内景

◎建筑形制

太和殿初建于明永乐十八年（1420 年），经过几次维修和重建，现在我们看到的太和殿是康熙三十四年（1695 年）重建的。

太和殿为重檐庑殿顶，斗栱形制也是明清斗栱的最高形制 —— 溜金斗栱，上檐用单翘三昂九踩溜金斗栱（图 6），下檐用单翘重昂七踩溜金斗栱（图 7），屋面铺黄色琉璃瓦。太和殿面阔十一间，进深五间，殿堂内由七十二根楠木柱子支撑，开间正中是六根金井柱支托藻井，柱身沥粉贴金云龙，其余殿柱都施以朱红色油漆。殿内正中有一个约 2 米高的地平台座，上面设置雕龙宝座，两旁有蟠龙金柱，天花板上藻井倒垂金龙戏珠，照耀着宝座。

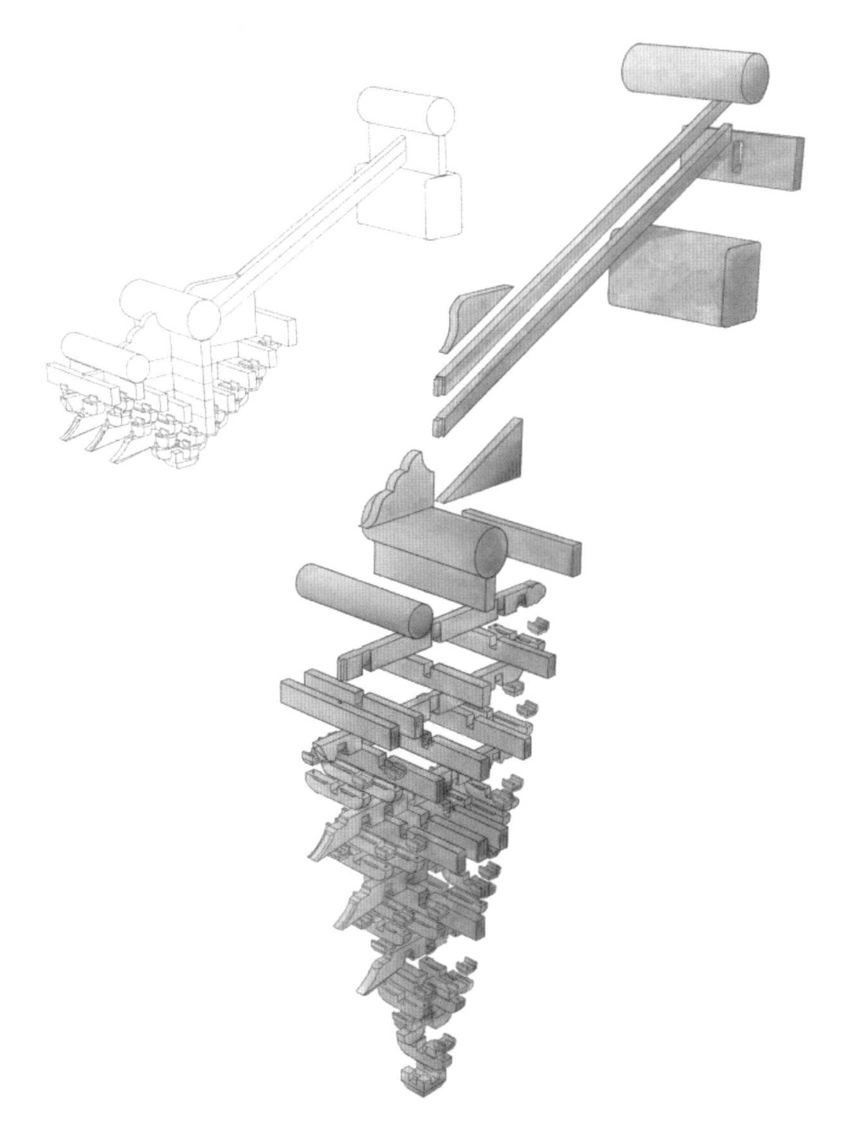

图 6　太和殿上檐单翘三昂九踩溜金斗栱

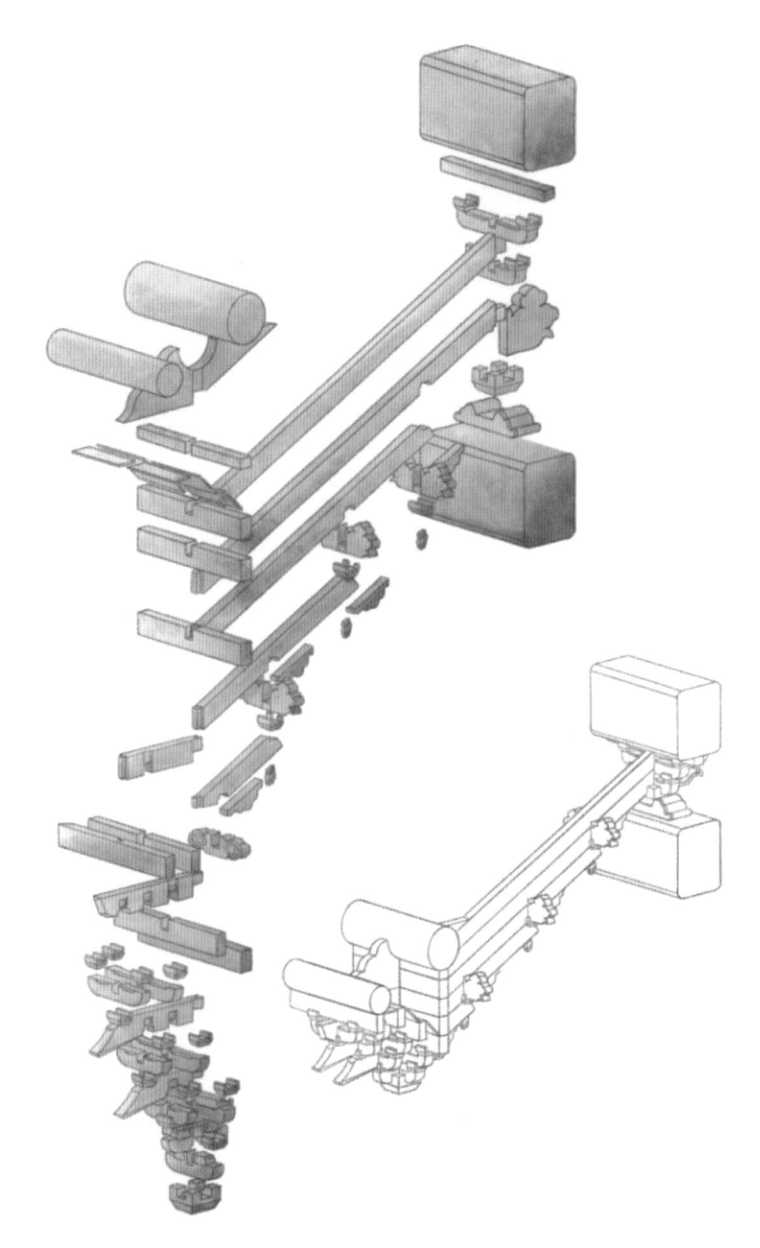

图7 太和殿下檐单翘重昂七踩溜金斗栱

斗栱是中国古代建筑特有的形制，是较大建筑物的柱与屋顶之间的过渡部分，其作用是承托上部挑出的屋檐，将其重量或直接作用到柱子上，或间接地先作用到额枋上，再转到柱子上。

溜金斗栱的构造做法与一般的斗栱不同，它的翘、昂、耍头、撑头等进深方向构件，自正心枋以内，不是水平迭落，而是按檐步举架的要求，向斜上方延伸，撑头木和耍头一直延伸到金步位置。

现在的太和殿东西两侧各有半间夹室（图 8），夹室两旁各有山墙，而明代奉天殿的东西两端的山墙都是平廊（古建筑用语中“山墙”指两端的墙体），由三大殿高台上的斜廊连接东西廊庑。这样改建也许是为了防火，因为明代和清代的几次大火都使三大殿和东西廊庑同时烧毁。乾隆、嘉庆年间所记太和殿为十一间，这是将夹室列为正殿计算得来的。

图 8　太和殿东西两端半间夹室入口

◎藻井

太和殿的藻井（图9）是等级最高的宫殿藻井，分为上、中、下3层，由斗栱承托，层层递收，最下层为方井，直径约6米，高0.5米，中层为八角井，井口直径约3米，中央顶部为圆形盖板，3层通高约1.8米。藻井正中穹隆圆顶内，盘卧一条口衔宝珠的巨龙。威严而有震慑力的巨龙俯首下视，龙口所衔宝珠称为“轩辕镜”。皇帝举行登基大典时，坐在宝座上，头顶上方要正对着轩辕镜，表示皇帝继承了正宗正统的皇位。

轩辕镜之名取自轩辕星。《晋书·天文志》记载，轩辕十七星，在北斗七星之北，为轩辕黄帝之神，系黄龙之体。《春秋合诚图》记载，轩辕星是主雷雨之神。

图9　太和殿内藻井

◎屋脊上的小兽

太和殿的正脊两端安装有超过3米高的正吻（图10），又称“龙吻”。在垂脊、岔脊下部的檐角上，安装琉璃仙人和十个角兽：一龙、二凤、三狮子、四天马、五海马、六狻猊、七押鱼、八獬豸、九斗牛、十行什。

图10　太和殿正脊上的正吻

这些屋脊上的小兽从清代时就站在屋脊上，身上的釉彩已经斑驳。龙，是天下动物的领袖，能在水里游、云中飞、陆上走。凤，是百鸟之王，能使天下太平。狮子，是万兽之王，威武的护法神。天马，日行千里，能追风逐日。海马，忠勇机智，能通天入海。狻猊，骁勇善战。押鱼，能祈雨，灭火防灾。獬豸，是忠诚、正义的化身。斗牛，擅长吞云吐雾，能逢凶化吉。

举世无双的第十个角兽只在太和殿出现，大家不知道给它取什么名字，看它排行第十，就叫它“行什”。有人说它像猴子，其实，它有翅膀，手拿金刚宝杵，会降魔。它是传说中雷震子的化身，中国木构建筑最怕遭遇雷击，它被人们寄予防雷的希望。这些屋脊上的角兽们，寄托着当时的人们期望风调雨顺、国泰民安的美好愿望。

从建筑的角度看，屋脊上安装正吻和跑兽（图 11）都是有实用性的，正脊和垂脊的交接处使整个屋顶相互联系，为了防止这一部位遭受雨水侵蚀而松散脱裂，需要用陶制构件将其笼罩，并使之衔接稳定。垂脊的坡度较大，为防止瓦件滑落和脱裂，必须将下端脊瓦钉在脊梁上固定住，再在长钉上面罩陶制构件，这样就不会因雨水侵蚀而造成渗漏了。我国古代的工匠在长期劳动实践中，结合实际创造出各种水兽飞禽等艺术形象，逐渐形成正吻以及各种跑兽，成为建筑艺术品。

图 11　太和殿檐角上的戗兽和跑兽

◎太和殿礼仪

太和殿是皇权的象征，主要在举行大朝会时使用，如新皇登基、皇帝向全国颁布政令和诏书、皇帝的生日、每年的元旦和冬至时，皇帝都在此接受朝臣的祝贺。

《文献通考》中记载：“事莫大于正位，礼莫盛于改元。”由此可见，登基大典在所有典礼中占有至关重要的地位。

大朝

一般在元旦、冬至及万寿节三大节举行大朝。元旦是新的一年的开始，是“一年的生日”；冬至是一年中太阳光照时间最短的一天，是“太阳的生日”；万寿节是“皇帝的生日”。

大婚

《礼记·昏义》载：“将合两姓之好，上以继宗庙，而下以继后世也。故君子重之”。皇帝贵为天子，他的婚姻不仅仅是“合两姓之好”，更直接关系到国家的盛衰。历代皇帝的婚礼（图12）都是宫廷中最为隆重的庆典。

图12　太和殿前婚礼仪式

卤簿

站在太和殿的台基上，向南远眺，可以看见太和殿广场上有两排白色方石，它们呈“八”字形分列广场的东西两侧，一直延伸到太和门前，这就是皇家仪仗墩。清代的卤簿（图13）分为4个等级：一是大驾卤簿，二是法驾卤簿，三是銮驾卤簿，四是骑驾卤簿。

《三辅黄图》记载：“天子出，车驾次第，谓之卤簿。”卤簿最初是帝王仪卫的名称，意思是披甲执盾、随皇帝出入的人，前后有次序，需要记录在簿册上，所以称为“卤簿”。

图13　太和殿前卤簿（左为金漆椅，右为金盆）

〖重　农　亲　稼〗

ZHONG NONG QIN JIA

中和殿

ZHONG HE DIAN

中，天下之本；和，天下之道。

中和殿（图1、图2）位于太和殿与保和殿之间，明初称为“华盖殿”“中极殿”，清代称为“中和殿”，它是故宫中轴线上唯一的明代建筑物。中和殿是一座形制特殊的宫殿，屋顶为方檐攒尖顶，建筑平面为正方形，面阔、进深均为三间，周围廊，很像亭子式建筑，四面不砌墙，满设门窗，以利采光，达到“向明而治”的目的，斗栱形制为单翘重昂七踩斗栱（图3、图4、图5）。中和殿东、西、北面的明间都装菱花隔扇门，次间装隔扇窗，只有南面为了配合太和殿，满装隔扇门，只在明间安装帘架。中和殿屋顶上安装的铜质鎏金圆宝顶（图6），远观犹如一颗巨大的宝珠。

图1　中和殿外景

图2　中和殿檐下市构架及斗栱

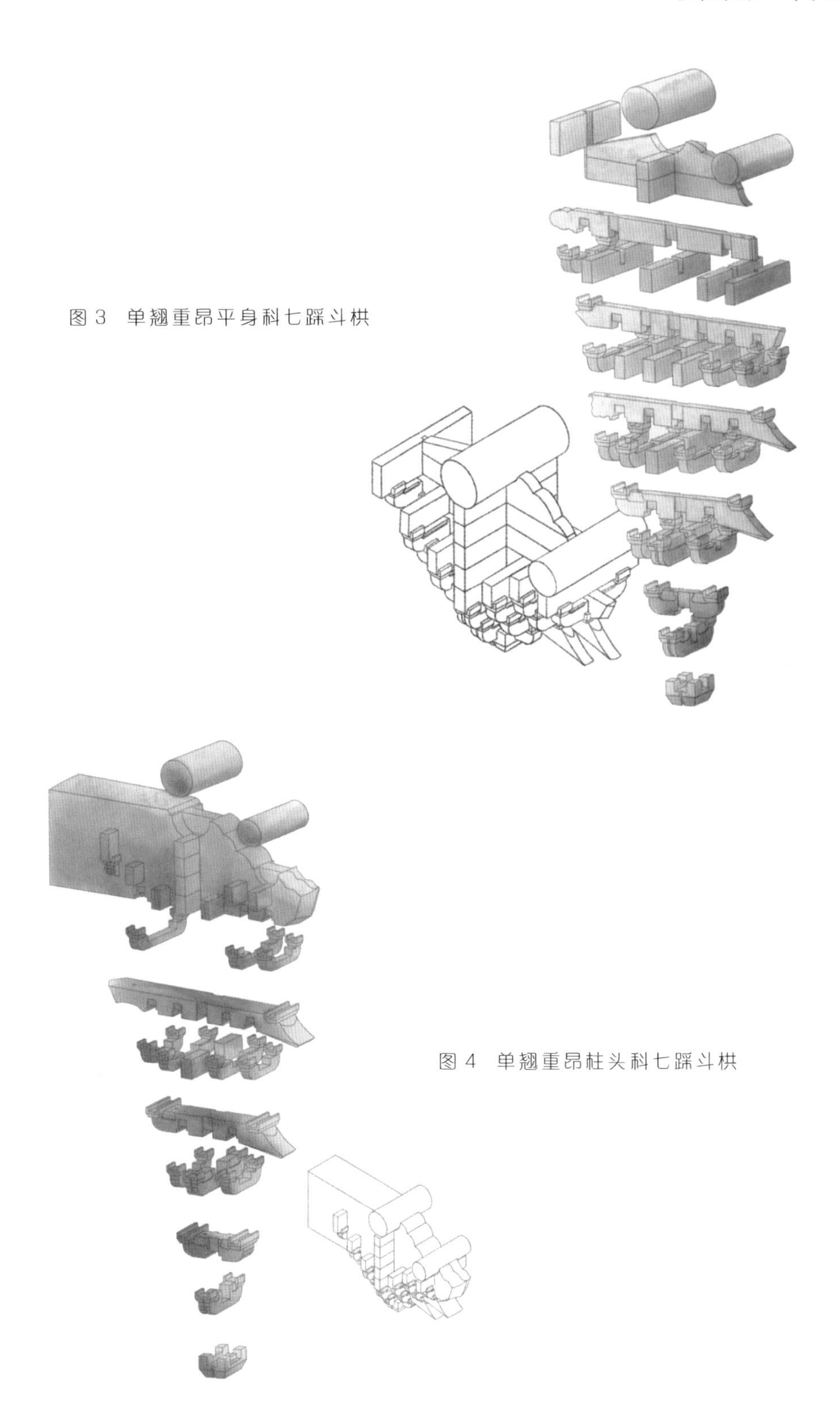

图 3　单翘重昂平身科七踩斗栱

图 4　单翘重昂柱头科七踩斗栱

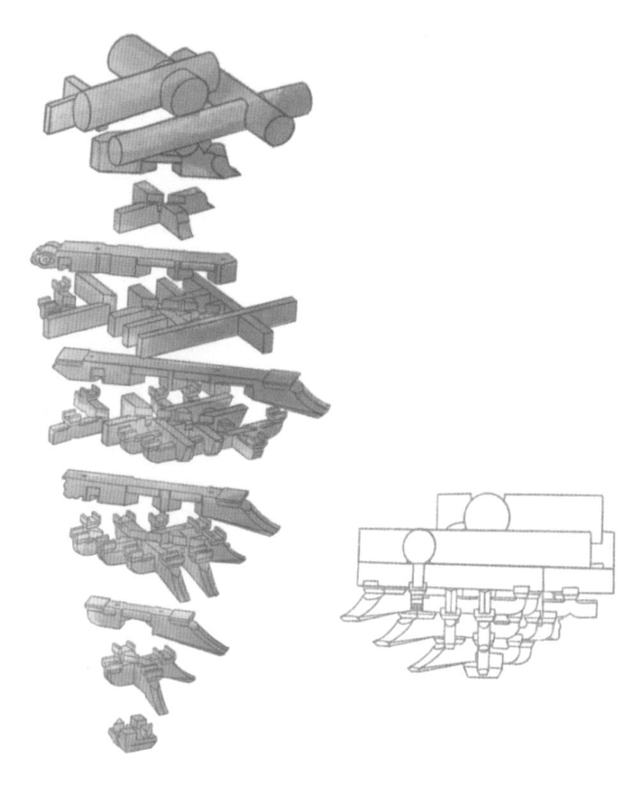

图 5　单翘重昂角科七踩斗栱

图 6　中和殿宝顶

安装宝顶并非仅仅为了好看，因为中国古代建筑从不设置毫无实际用途的纯装饰性物件。中和殿四角攒尖的顶部，是四道屋梁的交汇处，木质构件受雨水侵蚀，极易腐朽溃烂，因此，在它的顶端罩一个金属宝顶，不仅起到了保护作用，同时也给人以视觉上的美好感受。

中，是天地间的平衡点，静与动、进与退，大千世界的平衡就取决于某个微小的点，中和殿的宝顶也许就是故宫保持平衡的那个点。外朝三大殿宏大热闹，只有中和殿可供皇帝独处、自省、思考，这里或许会使他更深刻地体会到中和的意味，又或许这就是天下和谐的关键。

中和殿内正中设宝座（图7），每次太和殿举行朝贺庆典，皇帝都会从后宫乘舆先到中和殿，接受礼仪官的朝拜。

图 7　中和殿宝座

每年开春后，皇帝要“躬耕于南亩”，例行前往城南的先农坛行“亲耕礼”（图8），亲自耕种以示皇帝心系稼穑，重农亲稼。在举行祭地、耤田，以及祭祀社稷、太庙、历代帝王庙、孔庙等仪式的前一天，皇帝亲驾中和殿阅视写有祭文的祝版。清代皇室谱系即玉牒，每十年纂修一次，每次修纂完成都会在中和殿举行仪式，进呈皇帝审阅，之后，玉牒被恭藏于皇史宬。

图 8　亲耕礼

【国 宴 殿 试】

GUO YAN DIAN SHI

保和殿

BAO HE DIAN

保和殿（图1）为三大殿最后一殿，在明初称为“谨身殿”，后改称“建极殿”，清代称为“保和殿”，上覆重檐歇山顶，前檐出廊，面阔九间，进深五间，上檐为单翘重昂七踩斗栱（图2、图3、图4），下檐为单翘单昂五踩斗栱（图5、图6、图7）。保和殿的台基为莲瓣须弥座石台基，踏跺及垂带上雕刻有精美的云龙纹饰，前后檐御路正中雕刻有二龙戏珠、海水江崖图案，纹饰有典型的明代特征。

图1 保和殿外景

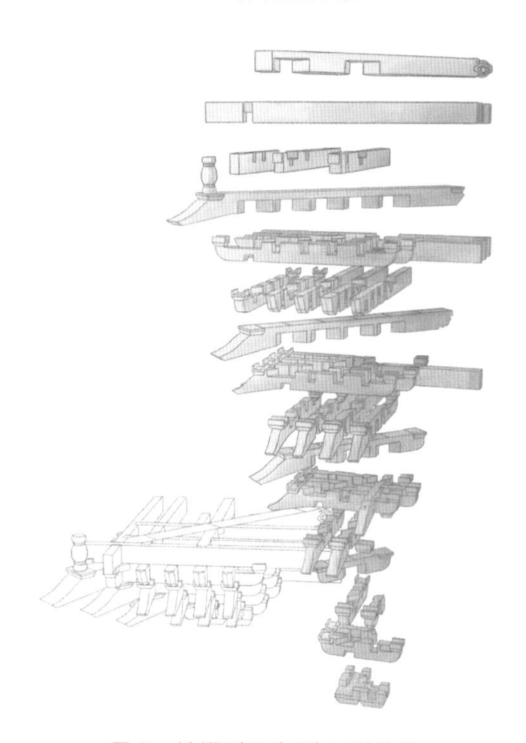

图2 单翘重昂角科七踩斗栱

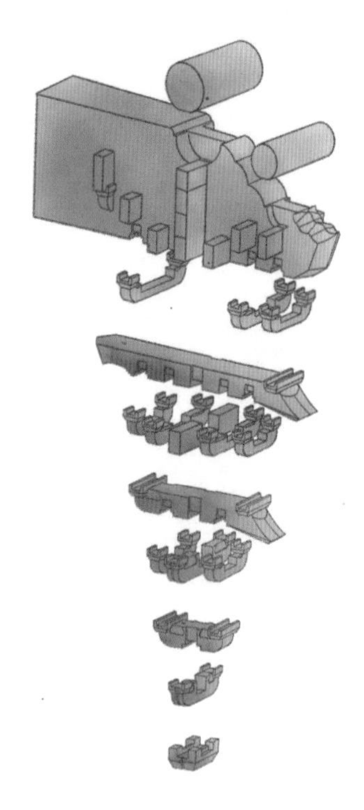

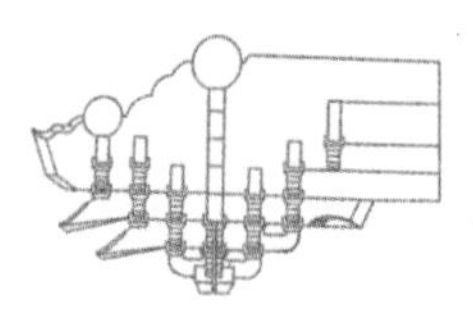

图 3　单翘重昂柱头科七踩斗栱

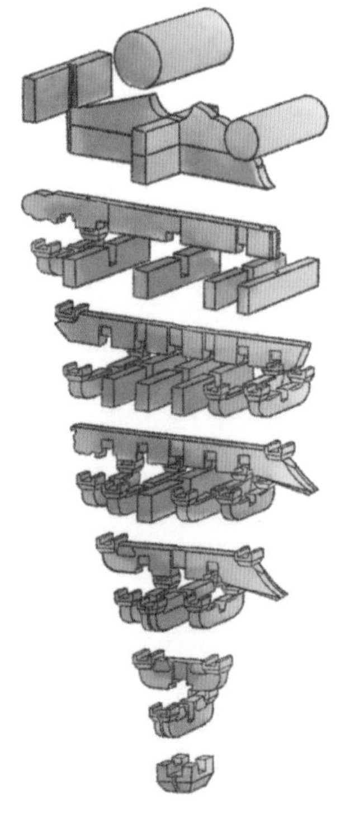

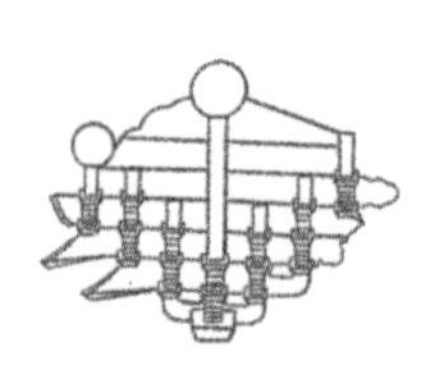

图 4　单翘重昂平身科七踩斗栱

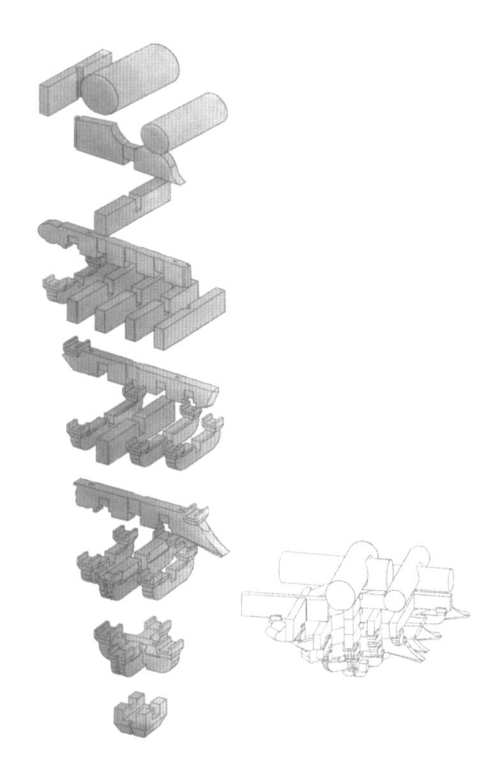

图 5　单翘单昂平身科五踩斗栱

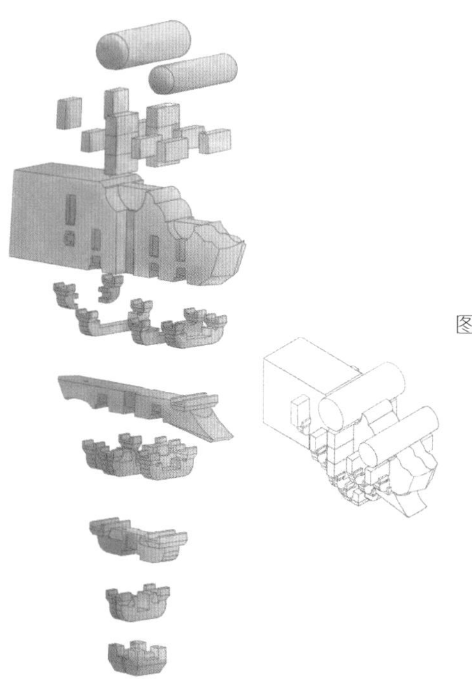

图 6　单翘单昂柱头科五踩斗栱

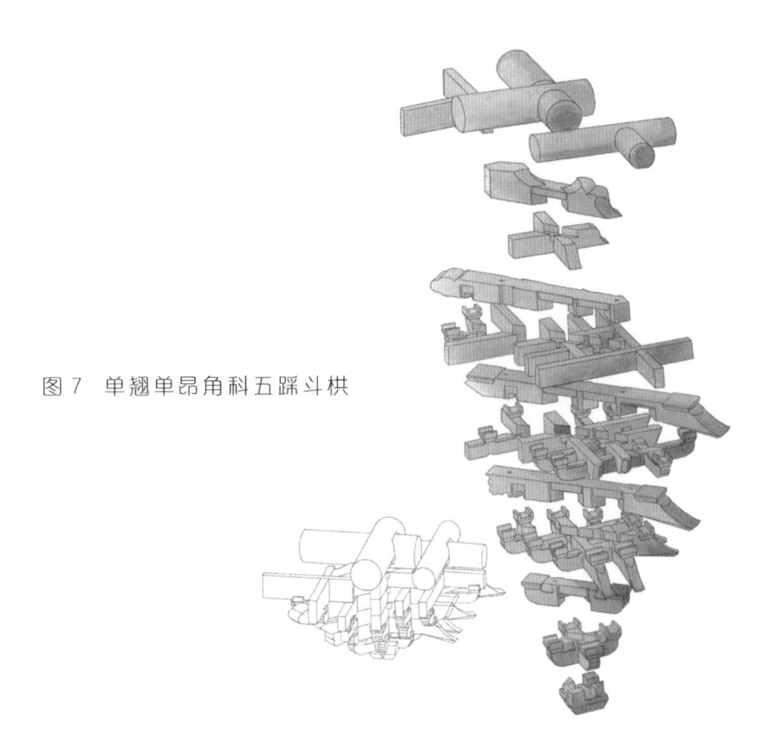

图7　单翘单昂角科五踩斗栱

清式斗栱有三踩、五踩、七踩、九踩和单翘单昂、单翘重昂、重翘重昂等区别。其中，单翘单昂五踩斗栱就是斗栱中使用一翘一昂，而翘和昂自大斗的斗口向内外各出两踩，加上中心的一踩，共计五踩。

出踩指斗栱中的翘、昂自中心线向外或向内伸出。如果正心是一踩，而内外又各出一踩，则称“三踩”；如果正心是一踩，内外各出两踩，则为“五踩”。以此类推，多者可以出到九踩、十一踩。

保和殿的明间、次间、二次间各为四扇六抹菱花隔扇门，三次间、梢间处下面为槛墙，上面为四抹菱花槛窗。殿内以金砖墁地，坐北向南设雕镂金漆平台，上面安放屏风、宝座及其他陈设（图8）。东西两梢间为暖阁，安板门两扇。出于使用功能上的原因，建筑的大木结构采用了减柱造做法，将前檐金柱减去六根，使殿内空间宽敞，便于举行较大规模的活动。保和殿内外檐均绘有金龙和玺彩画，天花为沥粉贴金正面龙。

图8　保和殿内景

保和殿屋脊上的正吻（图 9）高度超过了 3 米，周身刻满精美的纹饰，两腮鼓胀，双目直视，龙口大张吞住正脊，五团卷须有规律地贴在腮后，龙发和一绺长须飘逸自然，飘动在脑后，全身由下至上、从大到小有顺序地布满鳞片纹饰。正吻两侧张开的利爪挥舞在垂脊的最上端，卷尾从脑后向后翻卷，形态夸张。正吻上面的剑把下部雕有一条翻腾舞动的仔龙，面朝正脊，四爪腾空。正吻卷尾后的剑把最上端雕刻有五朵祥云，中间一朵最高，它们排在一起向正脊方向微微弯曲、倾斜，欲随风舞动，这是明代正吻剑把的典型做法。整个正吻纹饰精美，立体感强。

每年的除夕正午、正月十四和正月十五，皇帝都要在保和殿宴请藩王公及文武官员，檐下安设宫悬乐器，中和殿北的两侧安设丹陛大乐。清代公主下嫁纳彩后，皇帝在保和殿宴请额驸及其父亲、族中的在朝官员和三品以上的文武大臣。

自乾隆五十四年（1789 年）以后，保和殿成为殿试考场。殿试是最高级别的科举考试，属于国家大典，由皇帝亲自主持。

图 9　保和殿正吻

【皇帝居所】

HUANG DI JU SUO

乾清宫

QIAN QING GONG

缓缓走出外朝保和殿，经过横街（图 1），再往北走就是内廷正门乾清门（图 2）了，它是故宫的一条分界线，是天子居所的门户，之前为国，之后为家。俯瞰乾清门，它就像一个宝座，两个影壁呈“八”字形展开，如同张开的怀抱，更添了几分气势。

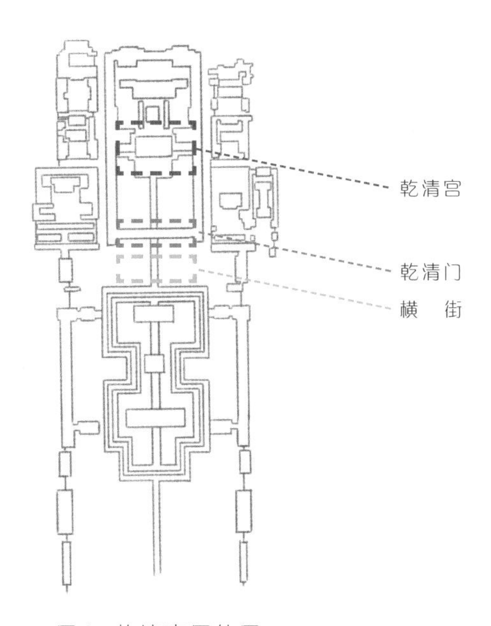

图 1　乾清宫区位图

图 2　乾清门外景

乾清门面阔五间，中间三间露明，不设门窗和墙体，两侧尽间为青砖槛墙，设小窗，这里是侍卫站班的地方。乾清门的左右是“八”字形的琉璃照壁，门前陈设相对排列的金狮和金缸。门前广场的东边为景运门，西边为隆宗门。

景运门（图3）位于乾清门前广场东侧，东向，与西侧隆宗门相对而立，形制相同。此门面阔五间，上覆黄琉璃瓦单檐歇山顶，设单昂三踩斗栱（图4、图5、图6），彻上明造，梁枋绘墨线大点金旋子彩画（图7）。明间及两次间辟为门道，门扉设于后檐金柱处。门道内外设礓磋慢道以便车舆出入。门内北侧为王公大臣值房及九卿值房，南侧为奏事待漏值所。门外东为奉先殿，北为毓庆宫。

图3　景运门外景

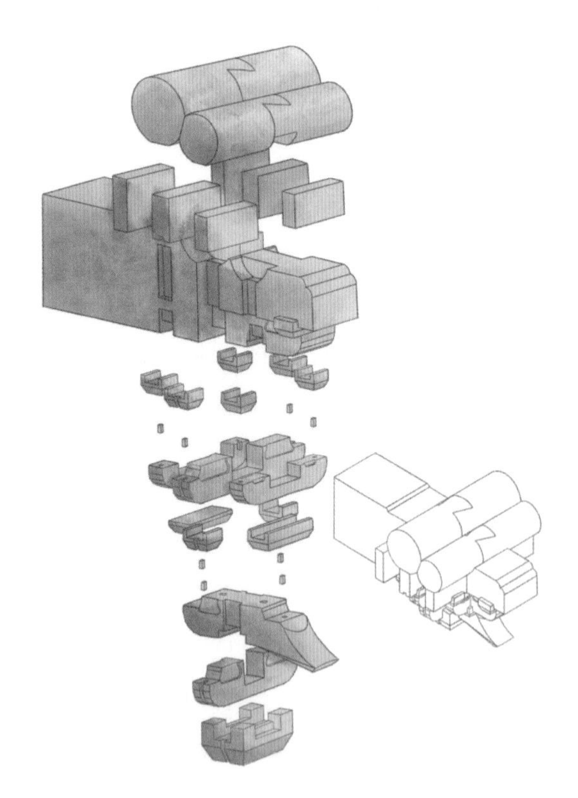

图4　单昂柱头科三踩斗栱

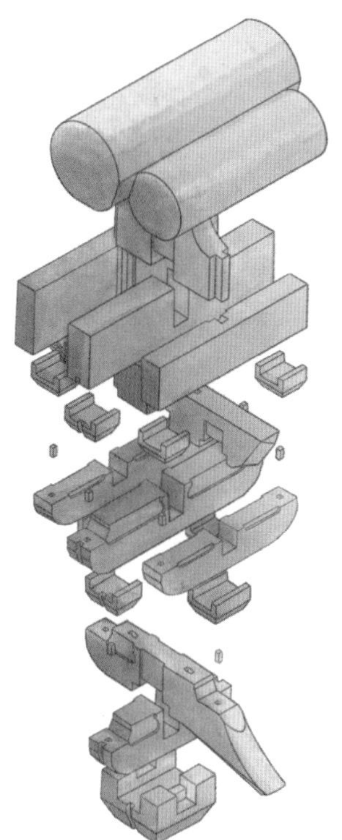

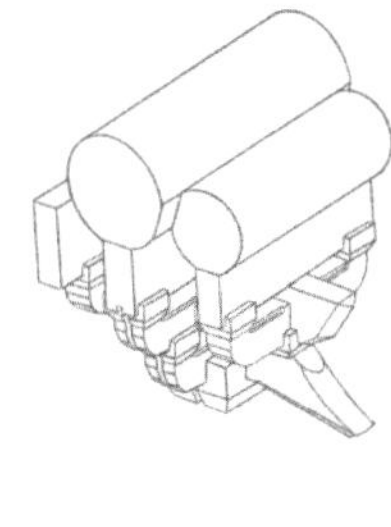

图 5 单昂平身科三踩斗栱

图 6 单昂转角科三踩斗栱

图 7　景运门梁枋彩画

隆宗门（图 8）位于乾清门前广场西侧，西向，与东侧景运门相对而立，形制相同。门内北侧为军机处值房，门外正西为慈宁宫。此门是内廷与外朝西路及西苑的重要通路，非奏事待旨及宣召，即使王公大臣也不得私入。

图 8　隆宗门

景运门与隆宗门均为进入乾清门前广场的重要门户，进而可通往外朝中路及内廷中路各处，因此也被称作“禁门”。自亲王以下，文职三品、武职二品以上大员以及内廷行走各官所带之人，只准于门外台阶 20 步以外处停立，严禁擅入。

入乾清门后，可看见乾清门东侧的廊房，这些房子虽不引人注目，也不够宽敞，却不是等闲之所，而是皇子皇孙和近支王公子弟的读书处，名为“上书房”（图9）。

图9 上书房外景

“立身以至诚为本，读书以明理为先。”在上书房念书的皇子皇孙们和其他所有的孩子一样，对师傅都是既尊敬又害怕，上书房的师傅向他们传授学问，指导他们处世做人。

乾清宫（图10）是明代十四位皇帝的寝宫，这是内廷最高、最大的一座宫殿。“大哉乾元，万物资始，乃统天”，“乾”在《周易》中为天、为阳、为君、为父；老子《道德经》中有“昔之得一者，天得一以清”，“乾清”即皇帝徇天法则，统治天下，永清海内。

图10 乾清宫外景

乾清宫在数百年间历经变幻，如今的它已随时光一同老去，雕漆斑驳，每天面对的是一拨又一拨陌生的游人。

◎建筑形制

乾清宫比太和殿略小一些，坐落在单层汉白玉台基上，台基上的甬道连接着乾清门和乾清宫。乾清宫的屋顶为重檐庑殿式，覆以黄琉璃瓦，角脊上有九只蹲兽。宫殿带连廊面阔九间，进深五间，殿内明间、东西次间相通。后檐两金柱间设屏，屏前设宝座（图 11），宝座上方悬“正大光明”匾。东西两梢间为暖阁，前檐设仙楼。殿内梁枋上层施单翘双昂七踩斗栱，下层施单翘单昂五踩斗栱，饰金龙和玺彩画（图 12）。

图11 乾清宫宝座

图 12　饰金龙和玺彩画的枋心

乾清宫内檐雕刻有二龙戏珠图案；殿内外的沥粉贴金双龙彩画以及天花板上的盘龙图案，形象逼真。地面用金砖铺墁，磨砖对缝并涂以桐油，光润细腻，如墨玉一般。如今殿内基本是按乾隆时期的原状布置的。正间中央是一方形地平台，台上设有象征着皇权的金漆雕龙宝座和金漆雕龙屏风，宝座前设有仙鹤和香筒，地平台前有四个烧檀香用的铜胎掐丝珐琅香炉，并排放置于硬木几架上。东西架几案上陈放着天文仪器等物。

◎乾清宫宴仪

“火树星桥，烂煌煌，镫月连宵夜如昼。”每逢元旦、除夕、上元、端午、中秋、重阳、冬至各节令，帝后和王公们都在乾清宫举行家宴。除夕由皇后等女眷陪宴，元旦则由王子、阿哥陪宴。

〖重　桑　亲　蚕〗
ZHONG SANG QIN CAN

交泰殿

JIAO TAI DIAN

乾清宫和坤宁宫之间夹着一个亭子形状的方形殿宇，样式如同外朝三大殿中的中和殿，这就是交泰殿（图 1）。

图 1　交泰殿正立面

“交”有通气、结合的意思，代表吉兆，“交泰”寓意天地之交感，帝后之和睦，是乾清、坤宁阴阳之中界，是为阴。六气之阴为金，因此交泰殿使用了大量的金来装饰。鎏金宝顶、龙凤和玺彩画（图 2）、金扉金锁窗、混金藻井，无不金光闪闪，使交泰殿犹如一座金殿。

图 2　龙凤和玺彩画

交泰殿是皇后生日接受贺礼、皇子们行礼的地方，每年春季祀先蚕，皇后要先一日在此查阅采桑的用具。殿内的龙凤纹裙板和龙凤彩画图案，处处都留下了皇后生活过的痕迹。

◎建筑形制

交泰殿的平面为方形，面阔和进深均为三间，屋顶为四角攒尖顶，覆以黄琉璃瓦，施双昂五踩斗栱（图 3、图 4），梁枋饰以龙凤和玺彩画，规模小于中和殿。殿中设有宝座，宝座方悬康熙御书“无为”匾，后有四扇屏风，上书乾隆御制《交泰殿铭》（图 5）。

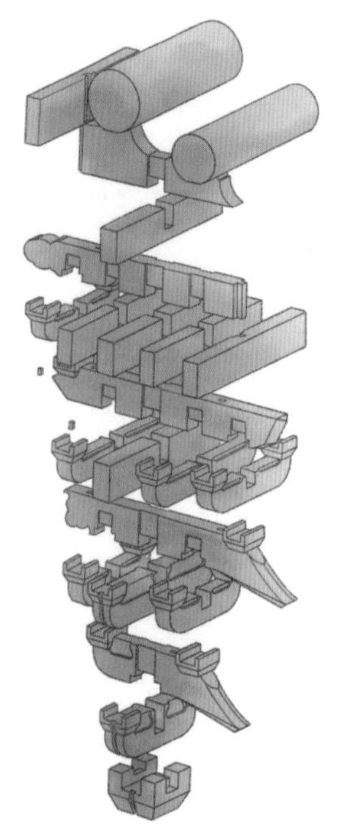

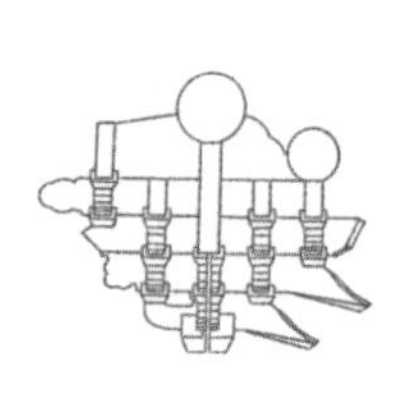

图 3　双昂平身科五踩斗栱

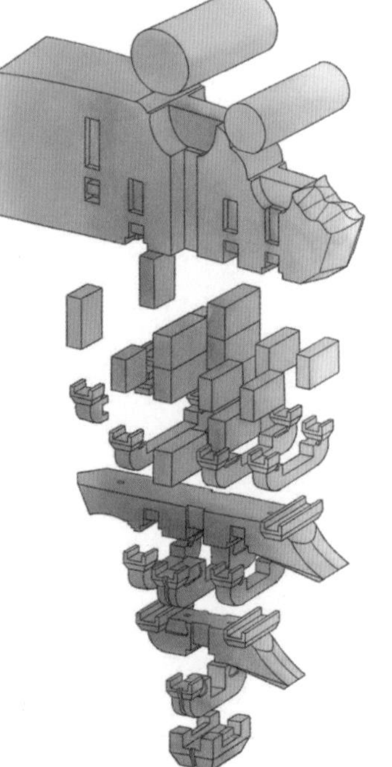

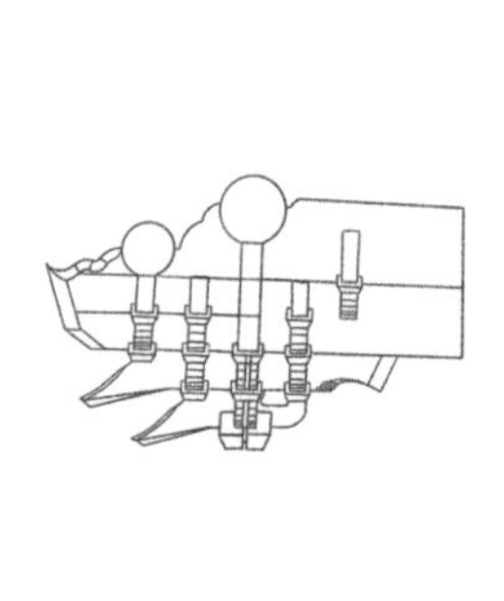

图 4　双昂柱头科五踩斗栱

图 5　交泰殿内景

交泰殿四面明间开门，三交六椀菱花、龙凤纹裙板隔扇门（图6）各四扇，南面次间为槛窗，其余三面次间均为墙。交泰殿内西次间一侧设有一座自鸣钟（图7），此钟是嘉庆三年（1798年）制造的，皇宫里的时间都以此为准。

图6　交泰殿的隔扇门

图7　自鸣钟

◎迎春礼仪

“春雨洗残雪，春风轻布衣。”立春是中国农历二十四节气中的第一个节气，每年立春时节，各省、府、州、县都会举行立春迎春礼仪。迎春礼仪（图 8）是一种祈福和期盼，祈求国家在新的一年风调雨顺、五谷丰登。

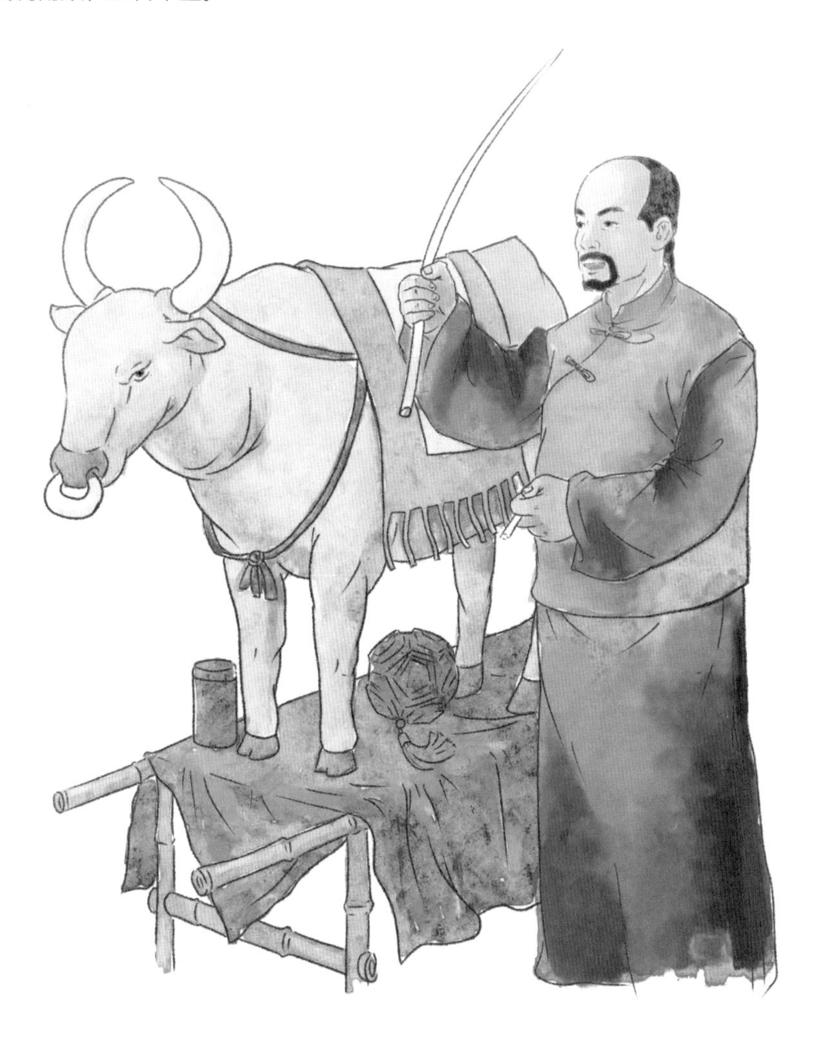

图 8 迎春礼仪

〖皇后正位〗
HUANG HOU ZHENG WEI

坤宁宫

KUN NING GONG

紫禁城中轴线上的大殿，只有在皇帝大婚的时候，才能最完整地得到使用。大部分庆典都集中在外朝的三大殿，只有大婚那天的新皇后，才能乘坐凤舆，从午门沿中轴线直达内廷的坤宁宫（图 1）。

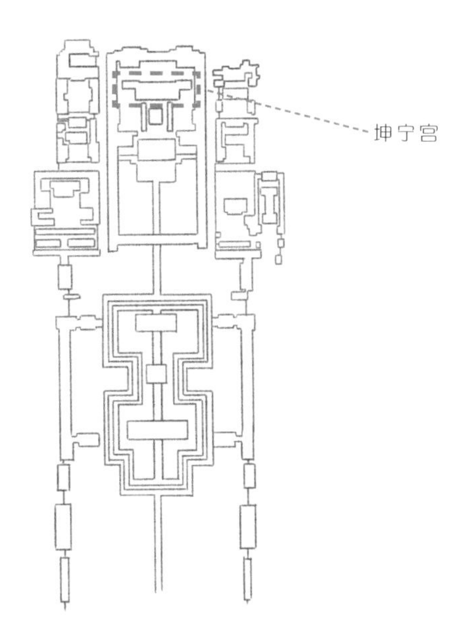

图 1 中轴线上的坤宁宫

◎建筑形制

坤宁宫（图 2、图 3）在明代时为皇后的日常起居处，清顺治时期依据沈阳故宫清宁宫的旧制，原明间开门改为东次间开门（图 4），原槅扇门改为双扇板门，其余各间的棂花槅扇窗均改为直棂吊搭窗（图 5），作为祀神、皇帝大婚的处所。

图 2 坤宁宫和交泰殿的位置关系

图 3　坤宁宫的外檐彩画和斗栱（单昂单翘五踩斗栱）

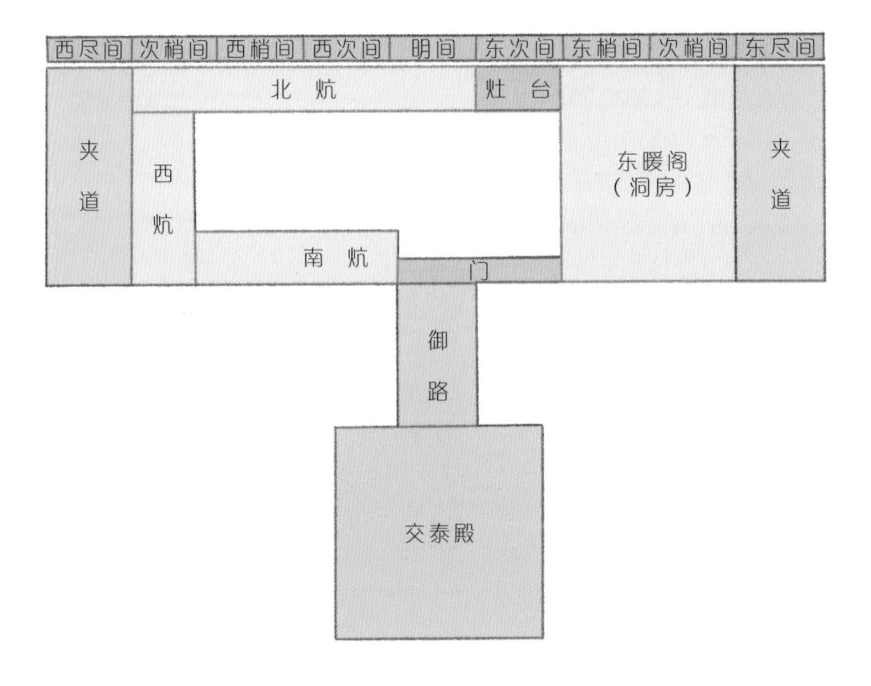

图 4　坤宁宫平面布局示意图

图 5　直棂吊搭窗

坤宁宫坐北面南，面阔九开间带周围廊，进深三间，屋顶为黄琉璃瓦重檐庑殿顶。东暖阁（图6）依然保持着百余年前光绪大婚时的布置，西尽间为夹屋，中间四间作为神堂（图7），正门开在东次间。神堂内按满族习俗，沿北西南三面设置万字炕，俗称“口袋居”。

图 6　东暖阁

图7　神堂陈设

室内东侧两间隔出为暖阁，作为居住的寝室，门的西侧四间设南、北、西三面炕，作为祭神的场所，与门相对后檐设锅灶（图8），供杀牲煮肉之用。由于是皇家所用，灶间设棂花扇门，装饰考究华丽。

图8　灶间陈设

〖慎　终　追　远〗

SHEN ZHONG ZHUI YUAN

奉先殿

FENG XIAN DIAN

皇室祭祖的地方，宫外有太庙，宫内则是奉先殿。奉先殿（图 1、图 2）临靠着毓庆宫的东墙，它的入口诚肃门与乾清门前广场东侧的景运门对望。每年的春节、皇帝万寿、册封、先帝先后的冥寿与忌辰、立春、清明、重阳、冬至等节日，都会在奉先殿祭祀列祖列宗。每月的初一，皇帝都要亲自贡献时鲜食品，秋天皇帝在木兰围场打猎时亲射的鹿、獐等猎物，也是奉献于此。

图 1　奉先殿鸟瞰图

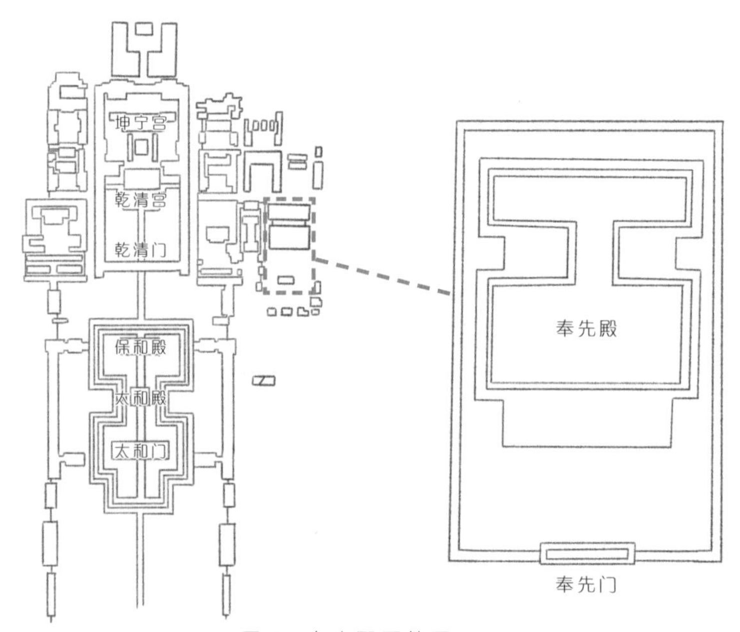

图 2　奉先殿区位图

◎建筑形制

奉先殿（图 3、图 4）的平面为“工”字形，为前殿后寝的形式，中间的穿堂连接前后殿。它坐落在汉白玉须弥座上，面阔九间，屋顶为重檐庑殿顶，建筑等级略低于太和殿，内檐装饰多仿太和殿的样式。

图 3　奉先殿外景

图 4　奉先殿建筑局部

步入奉先殿的前殿（图5、图6），可看到殿内依次陈列着已故皇帝、皇后的龙凤神牌、宝座，以及祭祀用品。经过穿堂来到后殿，这里是列祖列宗居住的寝室，为每位已故皇帝、皇后分出一室，内设宝床、宝椅和神龛（图7），在这些物品的前面摆设供案。当时，每天都有专人在此敬奉、祭供。

图5 奉先殿前殿的天花样式

图6 奉先殿的前殿内部

图7 奉先殿后殿里供奉的牌位和画像

◎祭告祖先，慎终追远

遥想百年前，现任帝后每逢重大的节日，在太和殿举行大典前都会临辇祭拜；此外，皇帝大婚前，须来此禀明祖先，汇报新皇后的身世和品性等情况，让老祖宗放心；大婚礼成，皇帝还要带皇后到列祖列宗的牌位（图8）前致礼。平时逢生父、母的忌日，皇帝也要亲自到奉先殿行礼，以示“慎终追远”。

图8 奉先殿内供奉的牌位

皇帝来到奉先殿行礼，一律在诚肃门外下轿，然后步行出入奉先左门。每年在前殿举行大祭，平时的祭告在后殿举行。奉先殿有“日献食、月荐新”的例律，除了平日里一日三餐的供飨外，每个月都要用最应季的蔬菜瓜果供奉于案。仿佛先帝先后们在奉先殿里仍过着人世间的生活。

【尊 老 优 老】
ZUN LAO YOU LAO

皇极殿

HUANG JI DIAN

自古以来，尊老、敬老、爱老都是中华民族的优良传统，宫里举办过的最豪华的“饭局”可能就是康熙和乾隆在皇极殿（图 1）举办的千叟宴（图 2）。

何为千叟宴？皇极殿又在哪里呢？

图 1　皇极殿内部

◎千叟宴

千叟宴就是由皇帝邀请全国各地的高寿老人参加的御宴。在当时，参加千叟宴，就意味着被皇帝接见，这是极高的荣誉，家人和朋友也会倍感荣耀。

图 2　千叟宴

嘉庆元年（1796年），随着中和韶乐的奏响，千叟宴开始了。在嘉庆皇帝的侍奉下，乾隆坐上皇极殿宝座（图3），嘉庆皇帝亲率三千零五十六名银须白发的老人山呼“万岁”为乾隆祝寿。席间，九十岁以上的老人被请到御座前，喝乾隆亲赐的御酒。百岁老人被授赐六品顶戴，其他九十岁以上的老人也都得到了七品顶戴。这既体现了朝廷的敬老之意，也是乾隆对于寿的理解。

图3　皇极殿宝座和牌匾

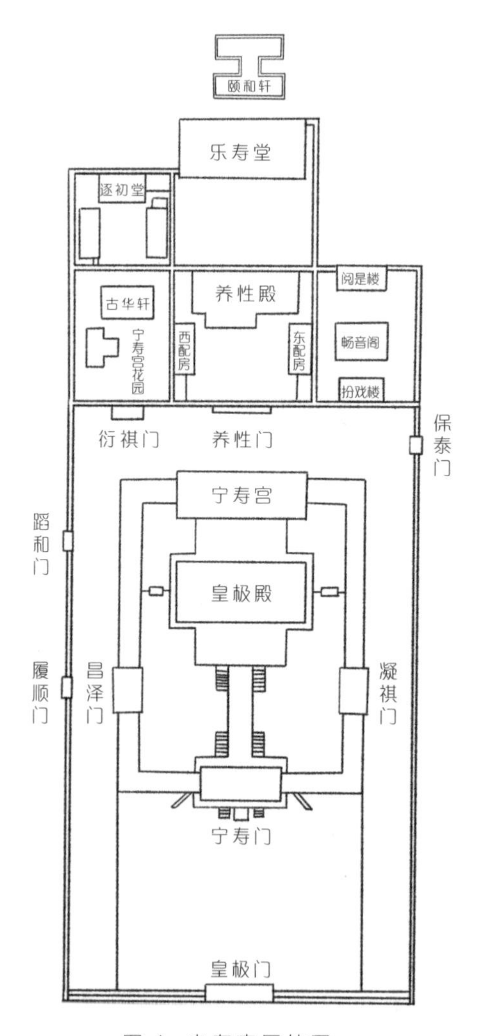

图4　宁寿宫区位图

“大德曰生”，帝王的成就不在于开拓疆土，不在于积累财富，而在于使他的子民健康长寿。万民长寿，才是治理天下的最高境界。

皇极殿位于紫禁城东路的宁寿宫区（图4），该区域可以分为四个部分：一是皇极门内的皇极殿和宁寿宫，二是养性门内的养性殿、乐寿堂、颐和轩，三是西路的宁寿宫花园，四是东路的畅音阁一带。

乾隆扩建、改造了宁寿宫，打算作为他退位之后的宫殿。改造后的宁寿宫建筑群，宛如紫禁城的缩影，也分前朝、后寝两部分。

前部有九龙壁、皇极门、宁寿门、皇极殿、宁寿宫，它们的规格形制分别仿紫禁城中路的午门、太和门、太和殿、中和殿和保和殿。宁寿宫的后部又分为中、东、西三路。中路有养性门、养性殿、乐寿堂、颐和轩、景祺阁和北三所，东路有扮戏楼、畅音阁、阅是楼、寻沿书屋、庆寿堂、景福宫、梵华楼、佛日楼。西路就是俗称“乾隆花园”的宁寿宫花园，主要有古华轩、遂初堂、符望阁、倦勤斋等建筑。

从奉先殿出来向东南方向继续走，来到宁寿宫前，就能看到享誉海内外的九龙壁（图5），这是一座单面琉璃影壁，坐南朝北，背倚宫墙。九龙壁的上面为黄琉璃瓦庑殿顶，檐下是仿木结构的斗栱、椽子和檩，壁面以云和水为底纹，以蓝色和绿色烘托出水天一色的磅礴气势，底座为汉白玉须弥座。壁面高浮雕的内容分为五个部分：正中的黄龙，是单独的一个部分，代表皇帝；黄龙的两侧各分两个部分，两条龙为一组（图6），总共八条，代表八旗。八条龙神态各异、栩栩如生。

图5 皇极门外的九龙壁

图6 九龙壁上的二龙戏珠

九龙壁的对面就是皇极门（图 7），它建于乾隆三十六年（1771 年），因位置显要，没有采用随墙门的方式，而是采用类似木结构牌坊门的做法。

图 7　皇极门和九龙壁

皇极门以琉璃贴在院墙外，做成三间七楼另加垂莲柱的三座门形式，门洞上有琉璃瓦顶出檐，檐下设有斗栱和横梁，梁上有琉璃拼贴而成的旋子彩画，门座下为石质须弥座，门饰华丽。打开皇极门，就能看到九龙壁。

穿过宁寿门（图 8、图 9），踏上一条高出地面 1 米多、长约 30 米、宽约 6 米的白石甬道，可直通皇极殿的月台，甬道自然地将皇极殿广场（图 10）的院落划分成东西两部分。沿着月台、甬道和宫门的垂带踏跺，都围以雕有龙凤纹饰的白石栏杆。从平面布局来看，“工”字形台基是个由甬道贯穿的“工”字形台基，承托着宁寿门、皇极殿、宁寿宫，使其前后呼应，连成一体。

图 8　宁寿门

宁寿宫区域的宫殿建筑虽有一部分仿中轴线上的建筑格局，但在养性门以内，庭院布置灵活，建筑内部的空间分隔或空旷，或封闭，上下交错、虚实结合、迂回曲折，颇具趣味，内檐装修或雍容华贵，或清新俊雅，其中的工艺品制作精巧。

图 9　宁寿门前的铜狮子

图 10　宁寿门内的皇极殿广场

皇极殿（图 11）与乾清宫的建筑形制颇为相似，面阔九开间，上覆重檐庑殿顶，宫殿前有露台和御路，皇极殿殿内（图 12）装饰品级仅次于太和殿；内廷部分分为东、中、西三路，殿、阁、楼、台、亭、斋、轩、馆，无不具备，每栋建筑的命名都与长寿有关。

图 11　皇极殿正立面远景

图 12　皇极殿内藻井

〖勤政亲贤〗

QIN ZHENG QIN XIAN

养心殿

YANG XIN DIAN

“养心”借用孟子“存其心，养其性，所以事天也”一语。养心殿（图 1、图 2、图 3）地处西六宫的最南端，虽处内廷，却与外朝紧密相连，军机处近在咫尺，对皇帝日常处理军务要事有利。它的位置既安全又隐秘，院落整体结构紧凑、深邃，房屋建筑略显低矮，在前殿后寝之间加建了一道走廊，极大地方便了皇帝的办公与寝居，“工”字形布局灵活、隐秘性强。自清代雍正移居此处后，这里就成为清代皇帝日常办公和居住的场所，也成为清代政治、军事和最高权力机构的中心。

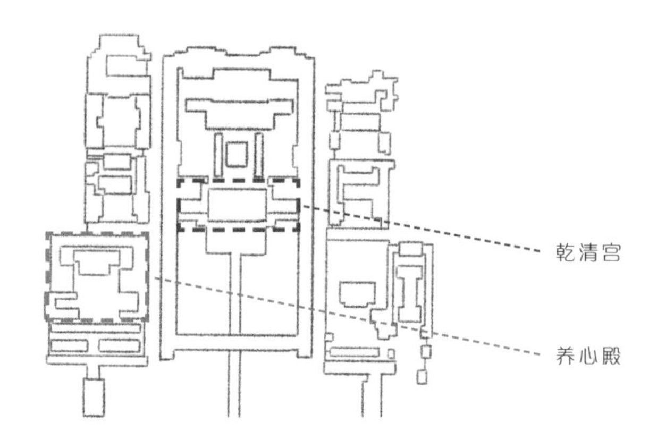

图 1　养心殿与乾清宫的位置关系

图 2　养心殿鸟瞰图

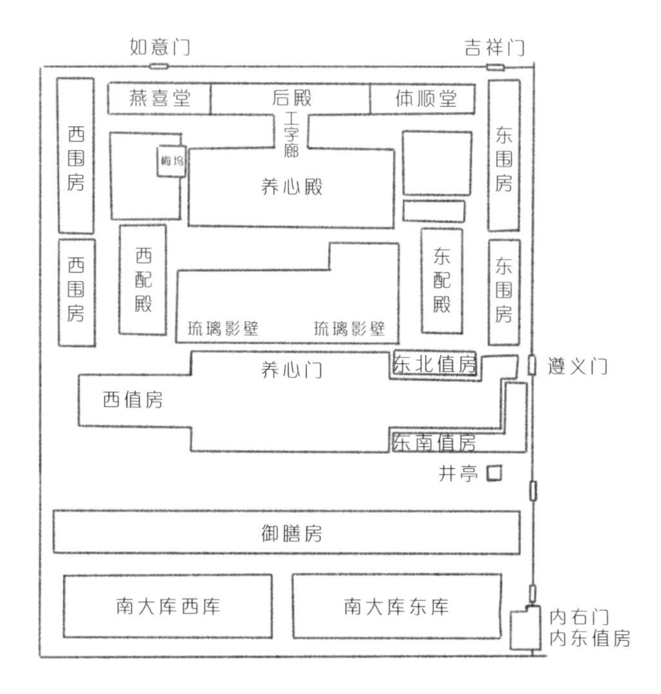

图 3　养心殿平面布局图

◎建筑布局

养心殿前殿（图 4）由 3 个单元组成：中间的明间（图 5）、东暖阁（图 6）和西暖阁。明间是皇帝理政的礼节性活动场所，殿中正上方悬挂着雍正御笔“中正仁和”匾，这里也是皇帝接见官员、召开会议的日常办公场所。

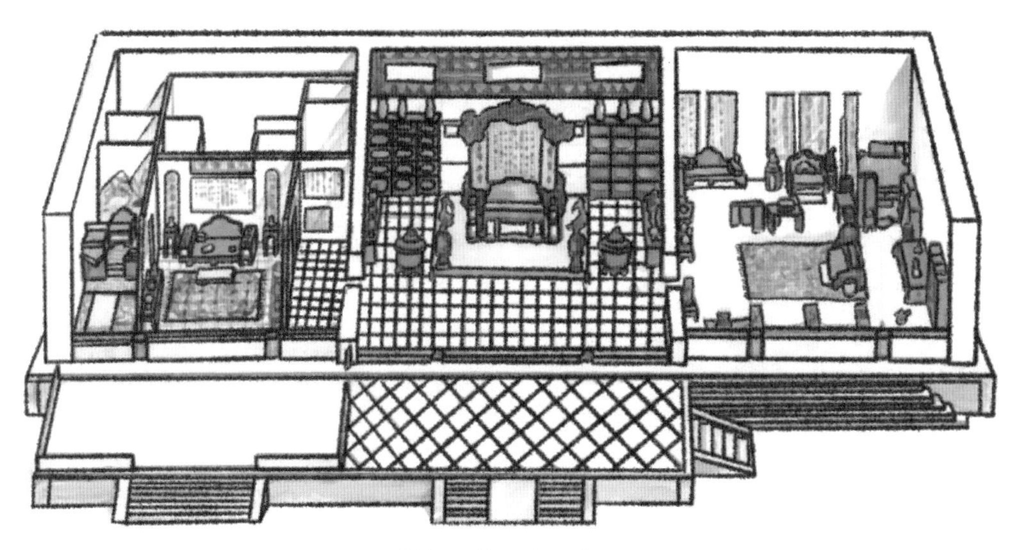

图 4　养心殿前殿室内布局示意图

每年的正月初一子时，也就是夜里23点到凌晨1点这个时间段，在东暖阁举行“明窗开笔”仪式。届时，皇帝身着朝袍礼服，端坐在宝座上，用一支名为“万年青”的御笔，在盛满屠苏酒的“金瓯永固”杯中饱蘸，书写“天下太平”“福寿长春”这样的吉祥语，以求新的一年吉祥如意。这个仪式始于雍正，之后历代皇帝遵循袭传，视为法典。

图5　养心殿明间

图6　东暖阁

图 7　金瓯

金瓯（图 7）最初为盛酒器，后用来比喻国家疆土和政权。皇帝在每年伊始，礼用金瓯，寓意王朝永享“金瓯万年”般的太平盛世。

养心殿的东暖阁因“垂帘听政”（图 8）而闻名，在迎门方向安置了前后两个座次：前面是小皇帝的宝座，后面是供两宫皇太后并坐的床榻。召见官员时，皇太后与小皇帝之间用一幅半透明的黄色帷幔隔离，跪在地上的大臣们只能觐见皇太后影影绰绰的轮廓。

图 8　“垂帘听政”处的陈设

西暖阁分南北前后两部分，前面分隔为中间大、两头小的三个空间。中间的勤政亲贤殿，是皇帝召见军机大臣和处理日常政务的机密场所，室内北墙正中悬挂雍正御笔“勤政亲贤”匾（图9），两旁对联为“惟以一人治天下，岂为天下奉一人”。东边的小间为通道，西边的小间就是著名的三希堂，床楣有乾隆所书“随安室”匾（图10），取“随所遇而安”之意，两侧对联为“无不可过去之事，有自然相知之人”。

图9　西暖阁“勤政亲贤”匾

图10　“随安室”匾

◎三希堂

面积仅有 4 平方米的三希堂(图 11)，里面的装潢却无比雅致和精美。乾隆在这里欣赏他最心爱的三件稀世珍品，也就是晋代大书法家王羲之祖孙三代的书法绝品：王羲之的《快雪时晴帖》、王献之的《中秋帖》、王珣的《伯远帖》。为此，他特意御笔亲书“三希堂”的匾额，并书写了《三希堂记》。

“三希”为“士希贤、贤希圣、圣希天”，即士人希望成为贤人，贤者希望成为圣人，圣人则希望成为知天之人。“希”也与“稀”同义，指稀世珍宝。

图 11　三希堂

图 12　养心殿后殿

养心殿后殿 (图 12) 是皇帝的寝宫，面阔五开间，殿内以雕镂精细的金丝楠木花罩作为隔断，明间的正中间设有一个坐炕，东次间设置了宝座、紫檀长条案，还有一排矮柜，代替了炕几，便于临时存放物品，柜子上摆放多宝格，格内有翡翠、珊瑚、青金石、玛瑙、玉器等小巧玲珑的工艺装饰品；墙面上挂着大臣敬写的唐诗律词，两侧挂瓷春条一幅，上面写着“年年吉庆”“事事如意”，炕几上摆放着围棋盘和棋子。西次间有紫檀大龙柜和坐炕，东、西两个梢间的炕床靠着北墙安置，床楣有御笔题写的“天行健”和“又日新”字幅 (图 13、图 14)。

皇帝的卧床有两张，一张在东梢间，通体镶嵌着玻璃水银镜，床帷挂满各色吉祥香包饰件；另一张在西梢间，上面铺有大红毡、明黄毯，床帷嵌有碧纱隔扇。

图13 东梢间“天行健”字幅

图14 西梢间“又日新”字幅

寝宫的东耳房为体顺堂（图 15），面阔为五间，东次间沿北窗设有紫檀木条案，上面陈列着西洋钟表和宝石盆景。次间与梢间的隔断上方悬挂“祥开麟趾”匾。

图 15　体顺堂的梢间室内布局

〖 “执 子 之 手” 〗

ZHI ZI ZHI SHOU

◆

解构斗栱

◆

JIE GOU DOU GONG

梁思成先生认为中国构架中最显著且独有的特征便是屋顶与立柱间过渡的斗栱。椽出为檐，檐承于檐桁上，为求檐伸出深远，故用重叠的曲木 —— 翘，向外支出，以承挑檐桁。为求减少桁与翘相交处的剪力，故在翘头加横的曲木 —— 栱。在栱之两端或栱与翘相交处，用斗形木块 —— 斗，垫托于上下两层栱或翘之间。这些曲木与斗形木块结合在一起，用以支撑伸出的檐者，便是中国建筑数千年来所特有的“斗栱”。

◎何为斗栱

斗栱是中国古代建筑特有的技术成就，它作为大型建筑物柱子与屋架之间的承接过渡部分，承受了上部梁架和屋面的荷载，并将荷载传到柱子上，再由柱子传至基础，具有承上启下的功能。斗栱用于屋檐下并向外出跳，不仅能承挑外部屋檐，还能使建筑物的出檐更加深远。斗栱用在屋檐下，在建筑物的上下梁架之间形成如同巨大弹簧垫层的弹性结构层，提升了建筑物的抗震性能。美化后的斗栱，富有装饰性和艺术性，其形制直接体现了对应建筑物的等级。

◎斗栱的多种组合

斗栱在中国古代建筑木构架体系中是一个相对独立的门类，清代木作中有“斗栱作”，从事斗栱制作的工匠称为“斗栱匠”。

故宫里出现的斗栱种类繁多，有单昂三踩斗栱（图 1）、单翘单昂五踩斗栱（图 2）、单翘重昂七踩斗栱（图 3）、重翘重昂九踩斗栱（图 4）等。

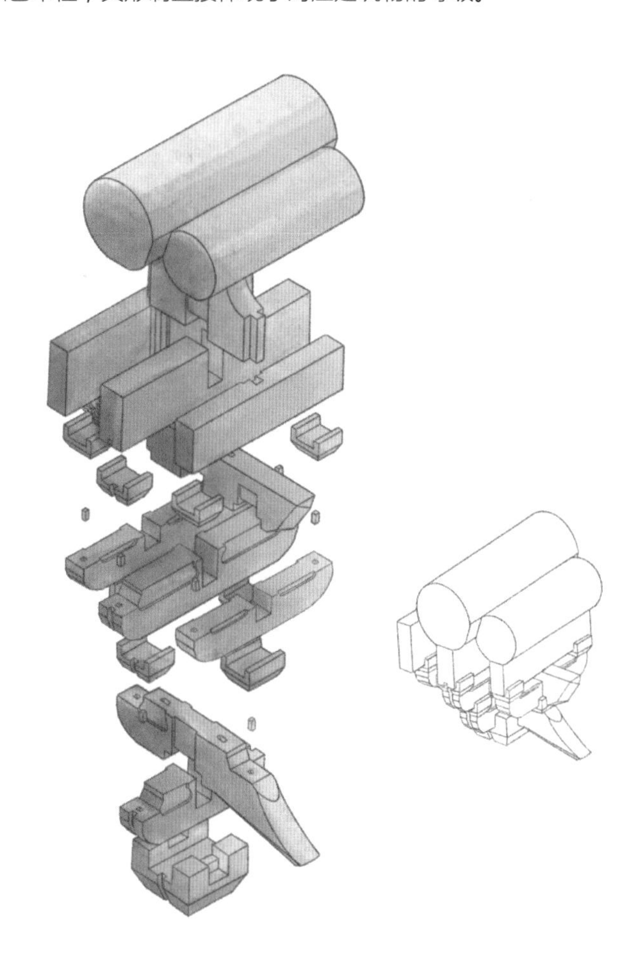

图 1　单昂三踩斗栱

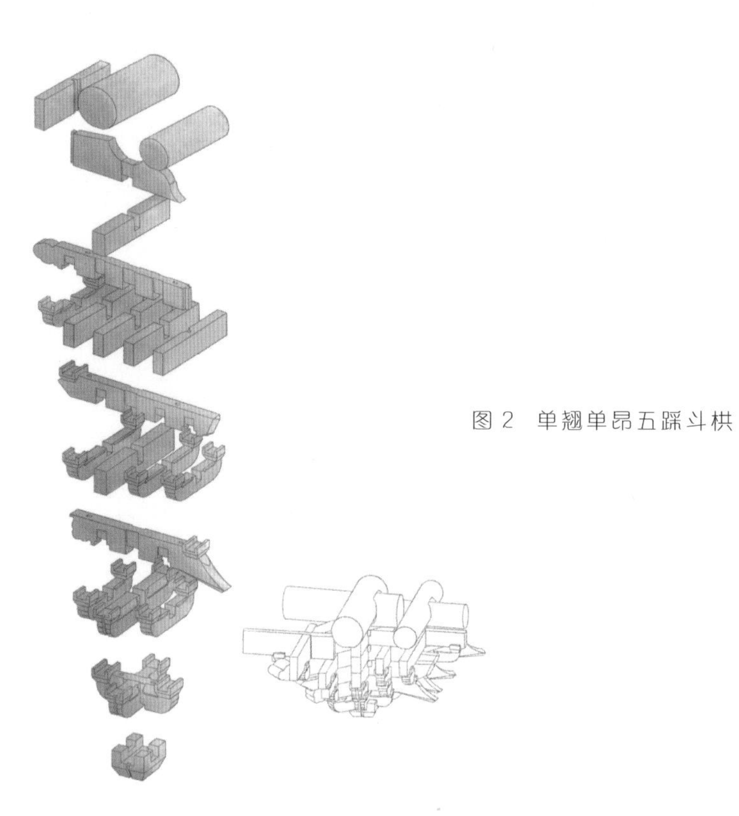

图 2　单翘单昂五踩斗栱

图 3　单翘重昂七踩斗栱

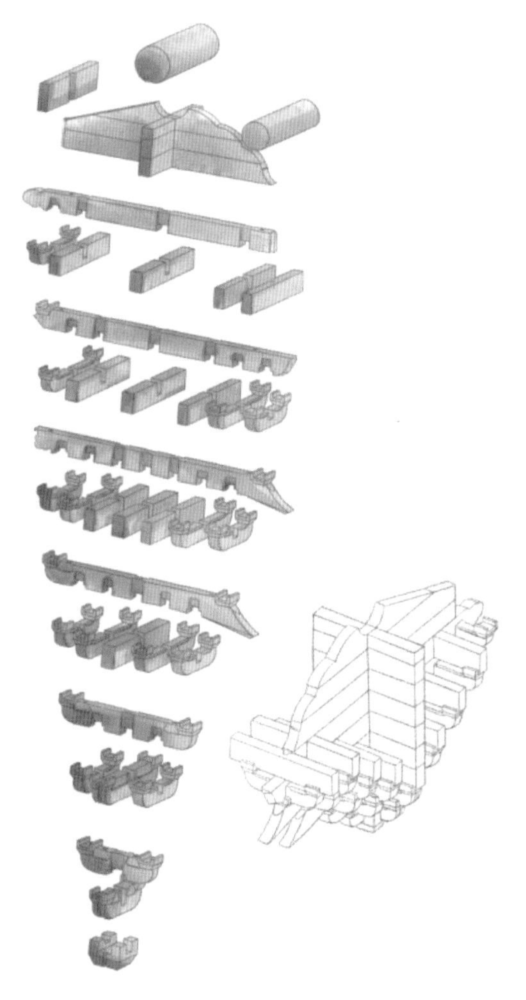

图 4　重翘重昂九踩斗栱

斗栱根据在建筑物中的位置，可以划分为两大类：凡是处于建筑物外檐部位的，称为“外檐斗栱”（图 5）；而处于内檐部位的称为“内檐斗栱”（图 6）。其中，外檐斗栱又分为平身科斗栱、柱头科斗栱、角科斗栱、溜金斗栱、平座斗栱；内檐斗栱有品字科斗栱（图 7）、隔架斗栱（图 8）等。

斗栱向外挑出，宋式称为“出跳”，清式称为“出踩”。清式斗栱各向内外挑出一拽架称为“三踩”，各向外挑出两拽架称为“五踩”（图 9），各向内外挑出三拽架称为“七踩”，各向内外挑出四拽架称为“九踩”，以此类推。

斗栱按是否向外挑出可以划分为不出踩斗栱和出踩斗栱两类。不出踩斗栱有一斗三升（图 10、图 11）、一斗二升交麻叶（图 12、图 13）以及各种隔架科斗栱。出踩斗栱则有三踩、五踩、七踩、九踩、十一踩、平身科、柱头科、角科、品字科、溜金、平座等类型。

图5　太和殿外檐斗栱层

图6　太和门内檐斗栱层

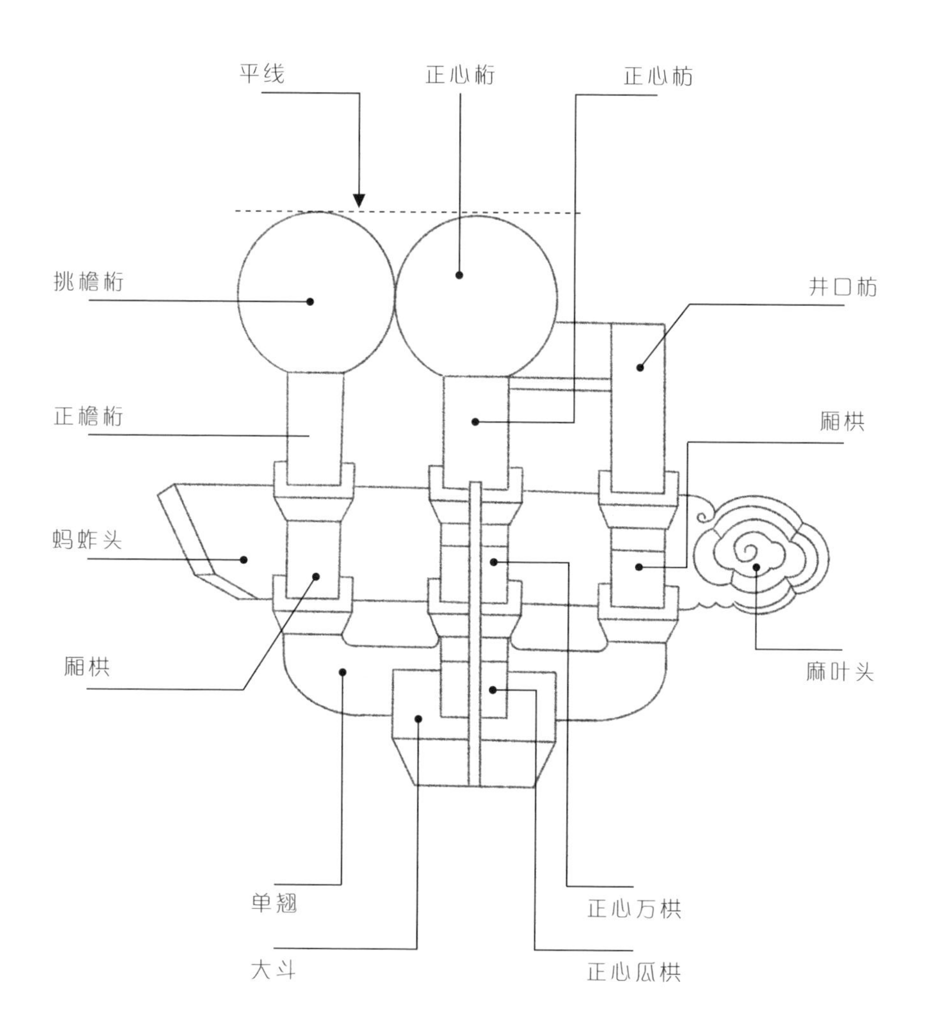

图 7　品字科三踩斗栱侧立面

单栱

重栱

图 8　隔架斗栱正面

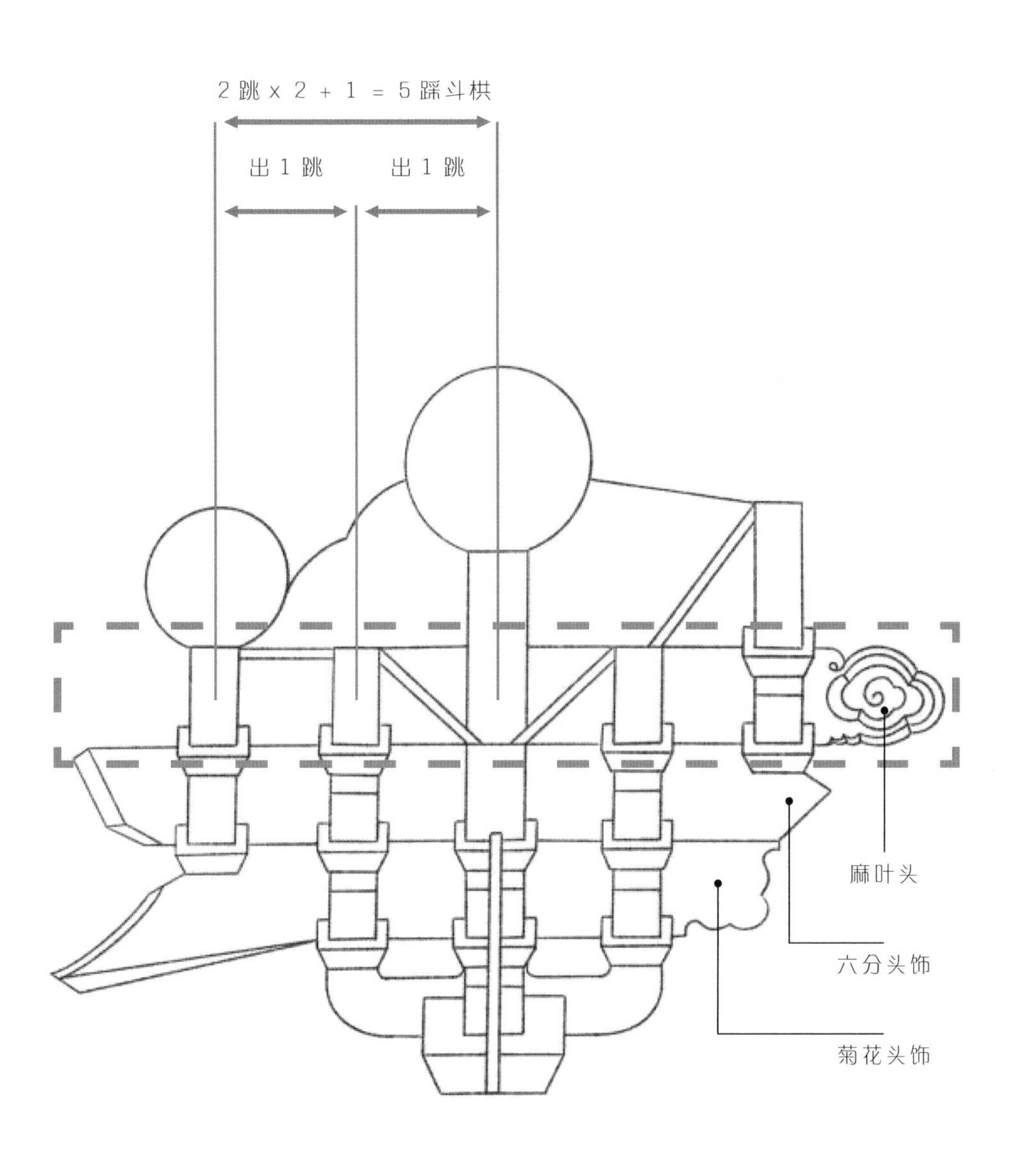

图 9 五踩斗栱示意图

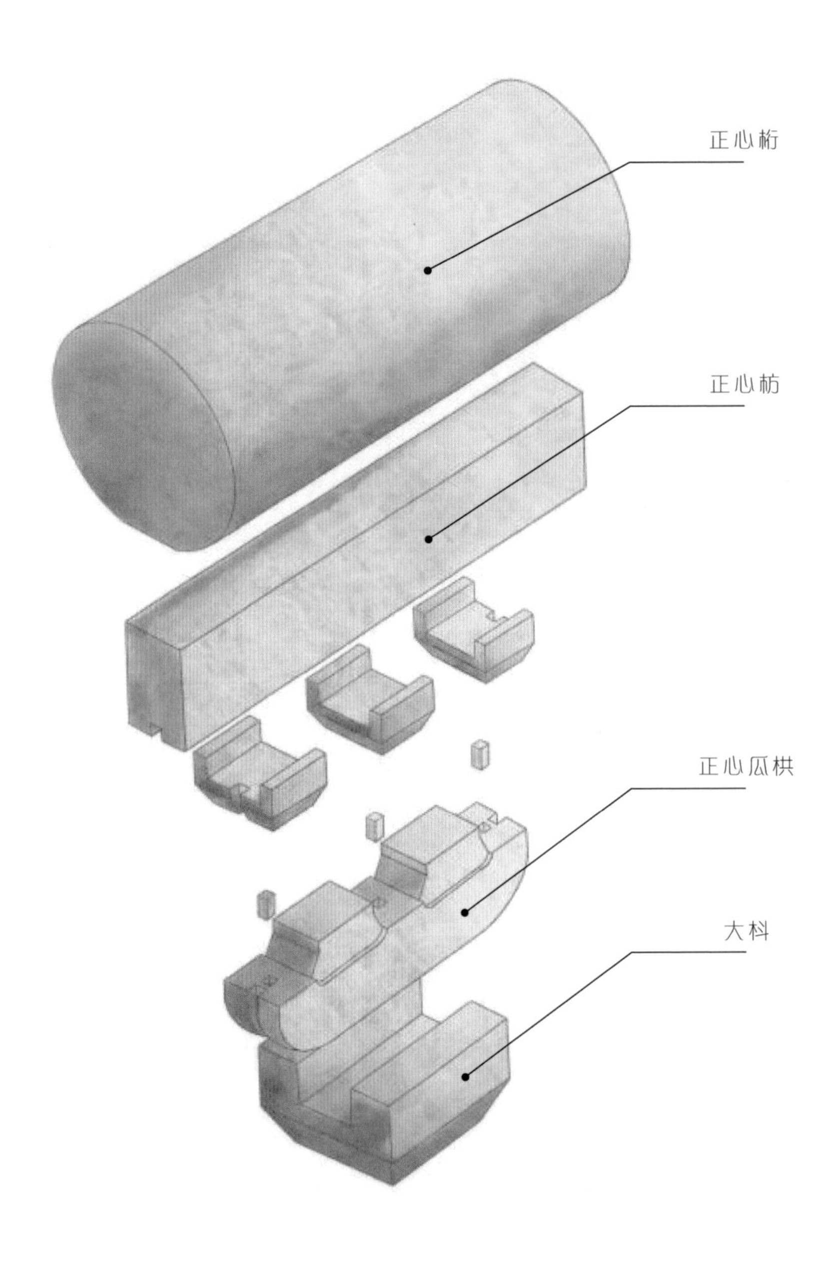

图10 一斗三升平身科斗栱

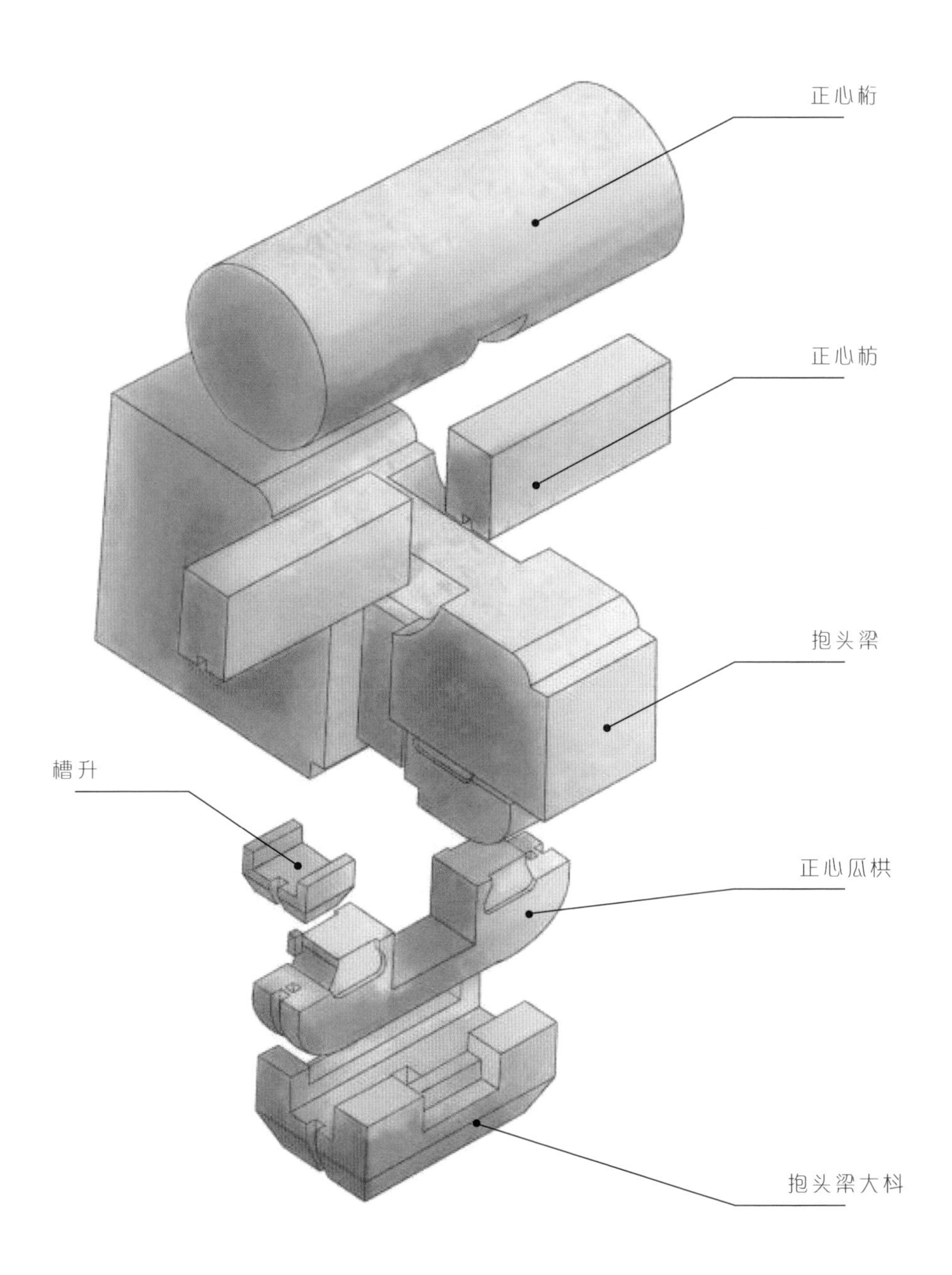

图11 一斗三升柱头科斗栱

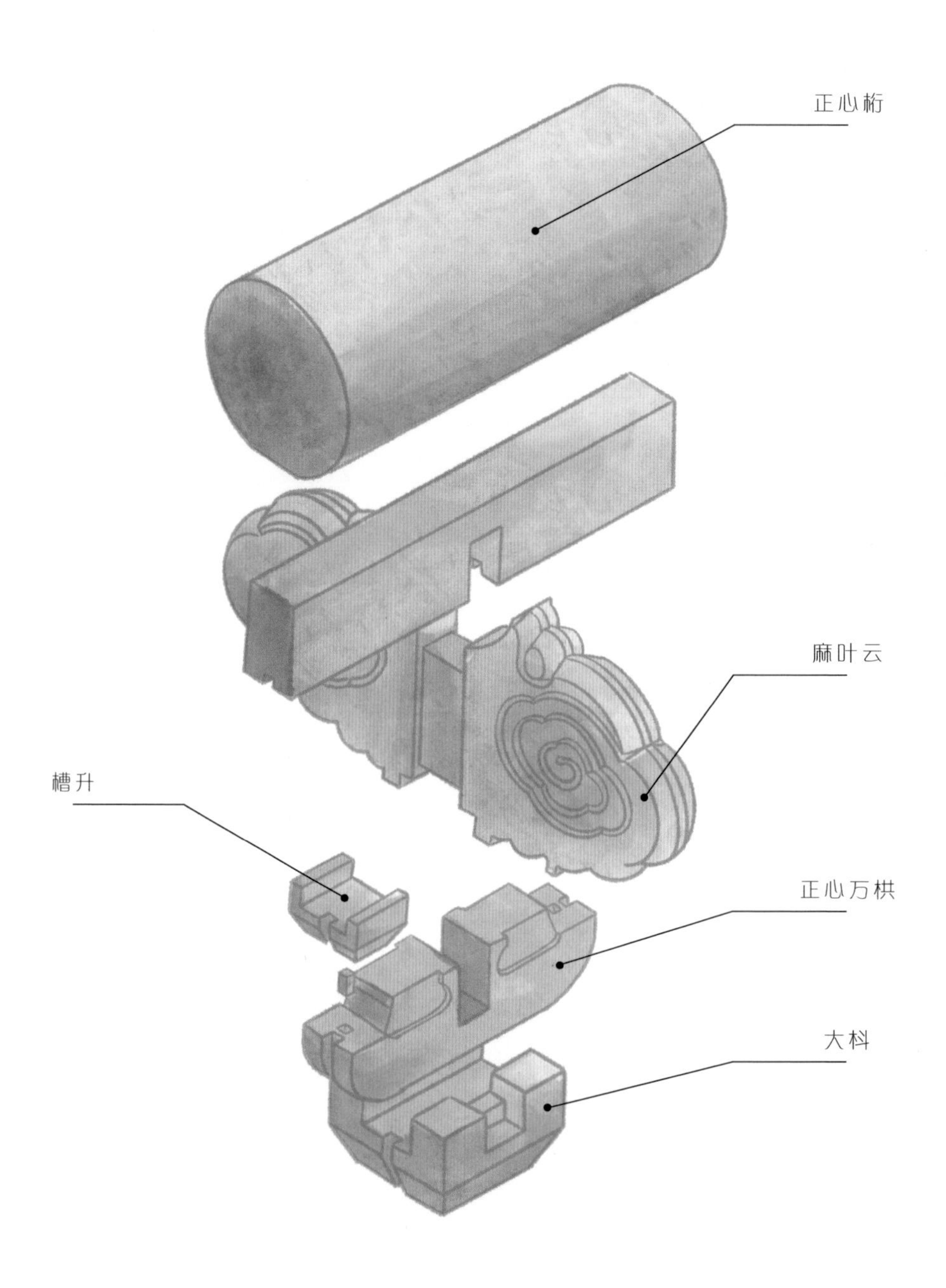

图12　一斗二升交麻叶云平身科斗栱

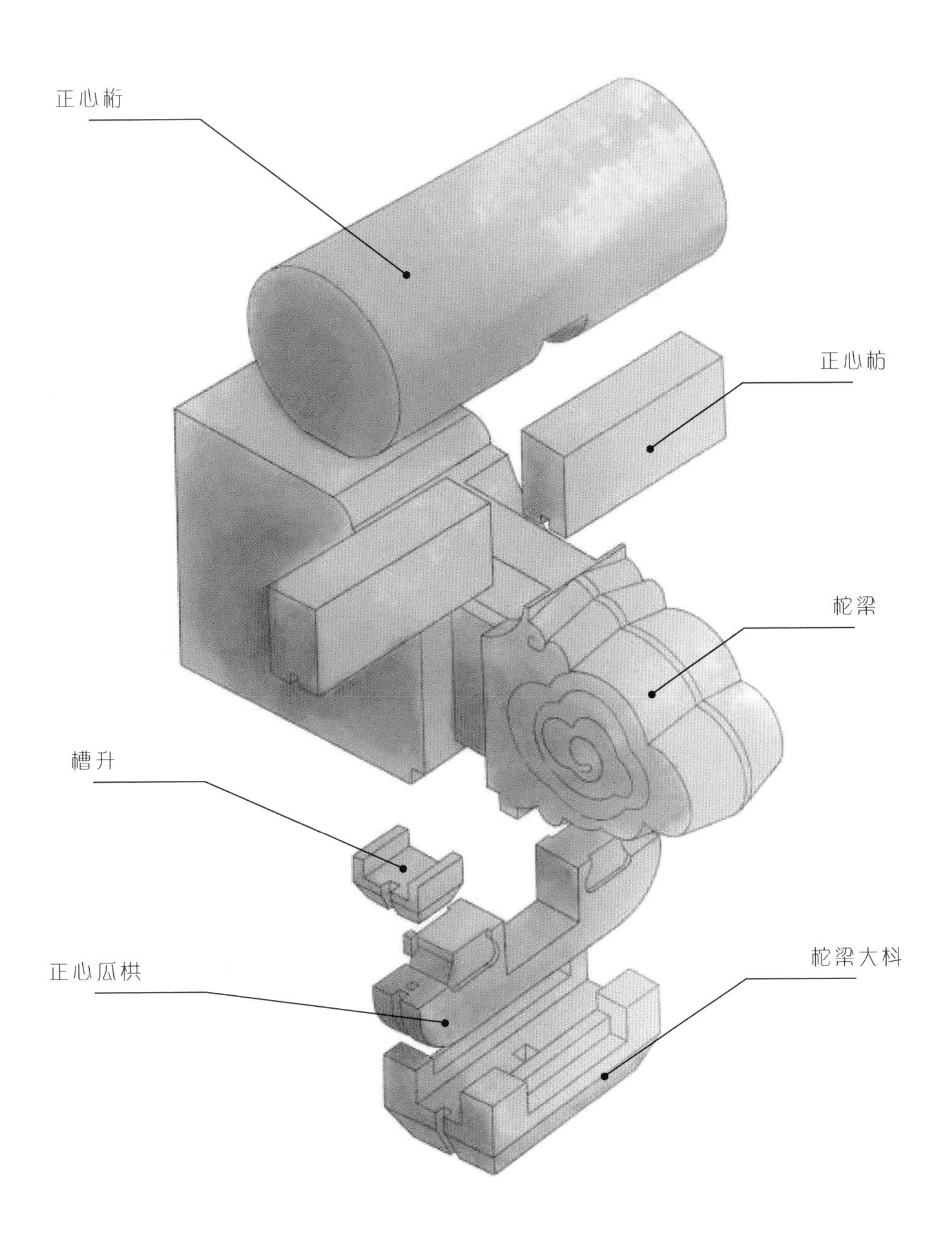

图13 一斗二升交麻叶云柱头科斗栱

◎斗口制

清雍正十二年（1734 年），《工程做法》问世，把斗栱按照斗口尺寸分为十一个等级（图 14）：头等材、二等材至十一等材。其中，头等材斗口为 6 寸（清代的一营造尺约为现在的 320 毫米，1 寸为 32 毫米，6 寸即 6×32=192 毫米），二等材斗口为 5.5 寸（“分”为“寸”的 1/10，5.5 寸即 5×32+5×3.2=176 毫米），三等材至十一等材依次递减 5 分，即得对应的斗口尺寸。（三等材斗口尺寸为 5 寸，即 5×32=160 毫米；四等材斗口为 4 寸 5 分，即 4×32+5×3.2=144 毫米；五等材斗口为 4 寸，即 4×32=128 毫米；六等材斗口为 3 寸 5 分，即 3×32+5×3.2=112 毫米；七等材斗口为 3 寸，即 3×32=96 毫米；八等材斗口为 2 寸 5 分，即 2×32+5×3.2=80 毫米；九等材斗口为 2 寸，即 2×32=64 毫米；十等材斗口为 1 寸 5 分，即 32+5×3.2=48 毫米；十一等材斗口为 1 寸，即 32 毫米。）

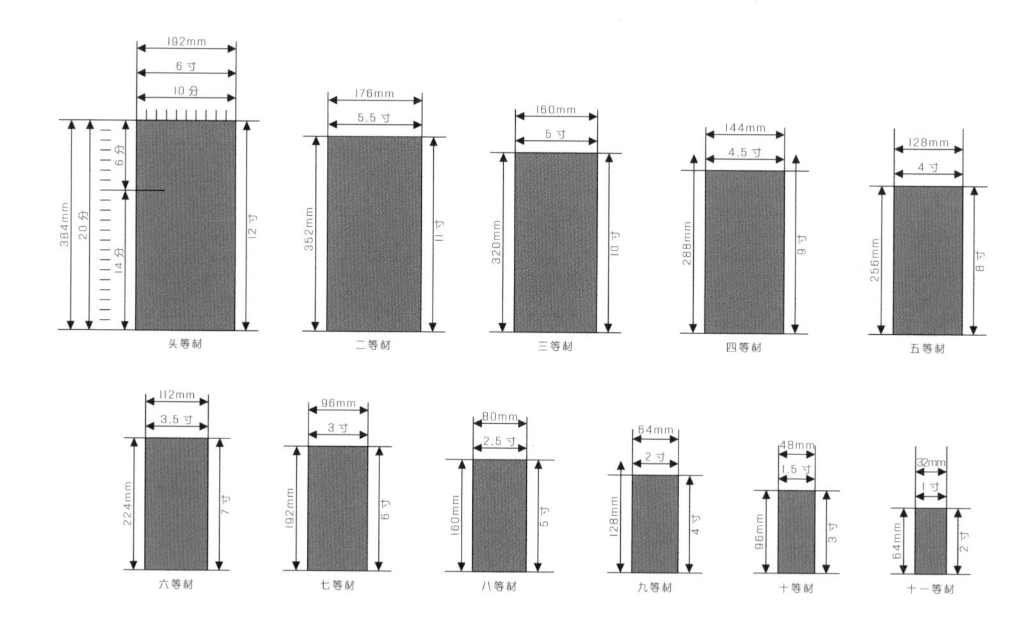

图 14　清式斗栱的等级

◎太和殿上、下檐的溜金斗栱构造

太和殿，上、下檐的斗栱做法与一般的斗栱做法不同，它的翘、昂、耍头不是水平跌落，而是向斜上方延伸，这种特殊构造的斗栱称为“溜金斗栱”。太和殿的上檐是单翘三昂九踩溜金斗栱（图 15、图 16），下檐是单翘重昂七踩溜金斗栱（图 17、图 18、图 19）。溜金斗栱分落金和挑金两种做法，二者的区别主要在于：落金做法是杆件沿着进深方向延伸，落在金枋之上；挑金做法是杆件的后尾不落在任何承接构件上，而是直接悬挑至金檩等构件。显而易见，太和殿上、下檐的溜金斗栱属于落金做法。

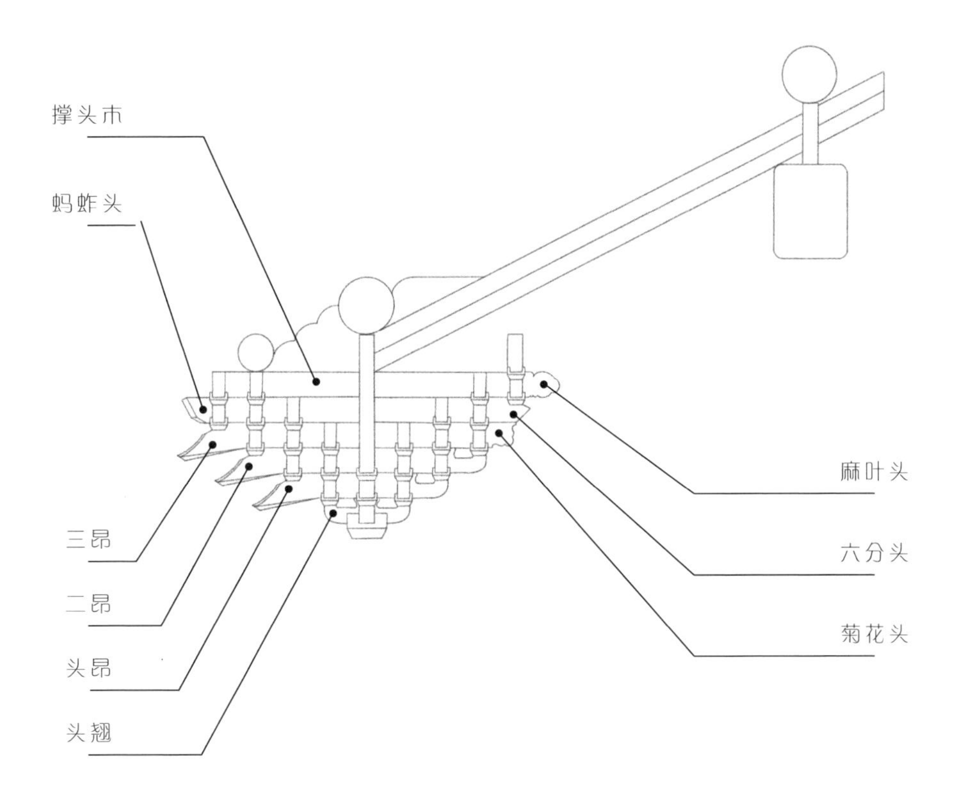

图15 太和殿上檐溜金斗栱侧立面

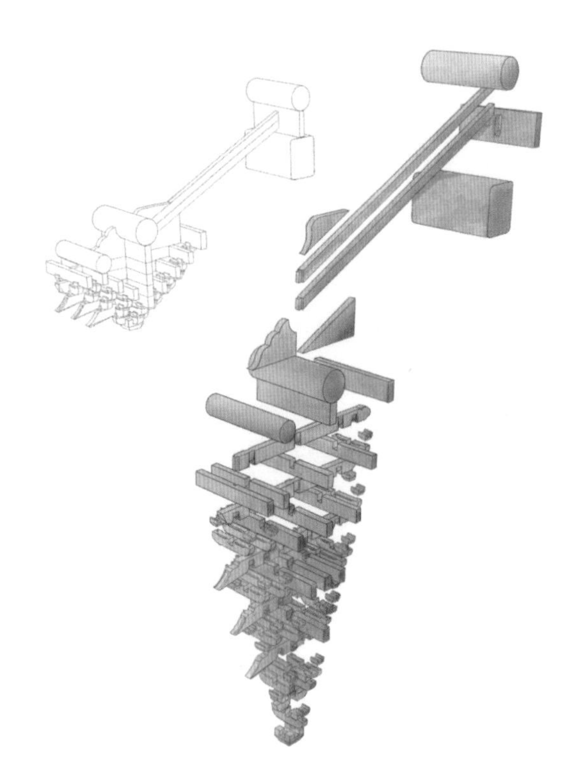

图16 太和殿上檐溜金斗栱

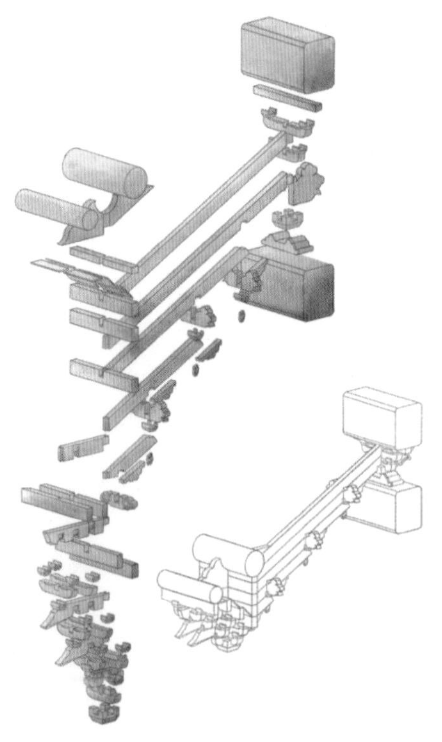

图17 太和殿下檐溜金斗栱

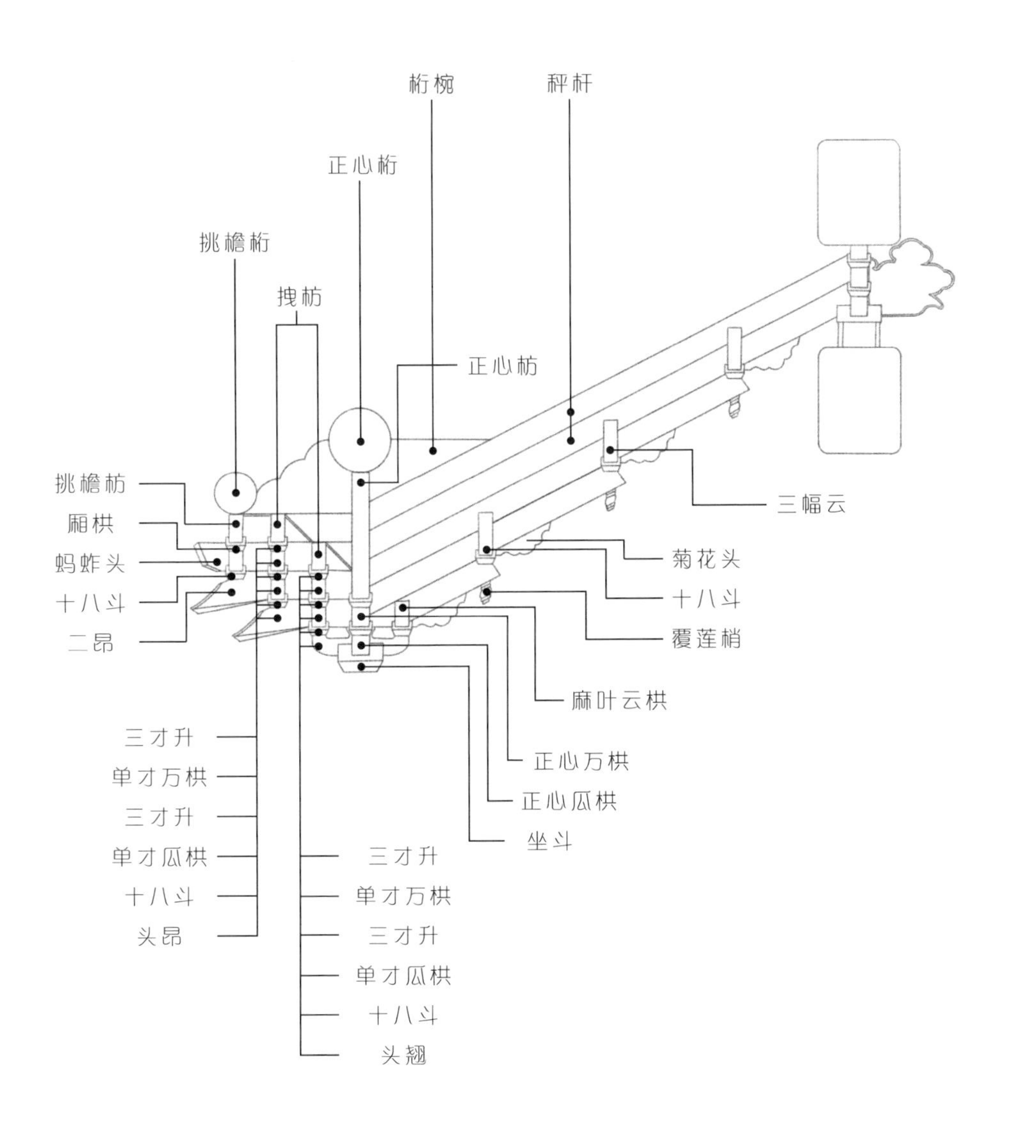

图 18 太和殿下檐溜金斗栱侧立面

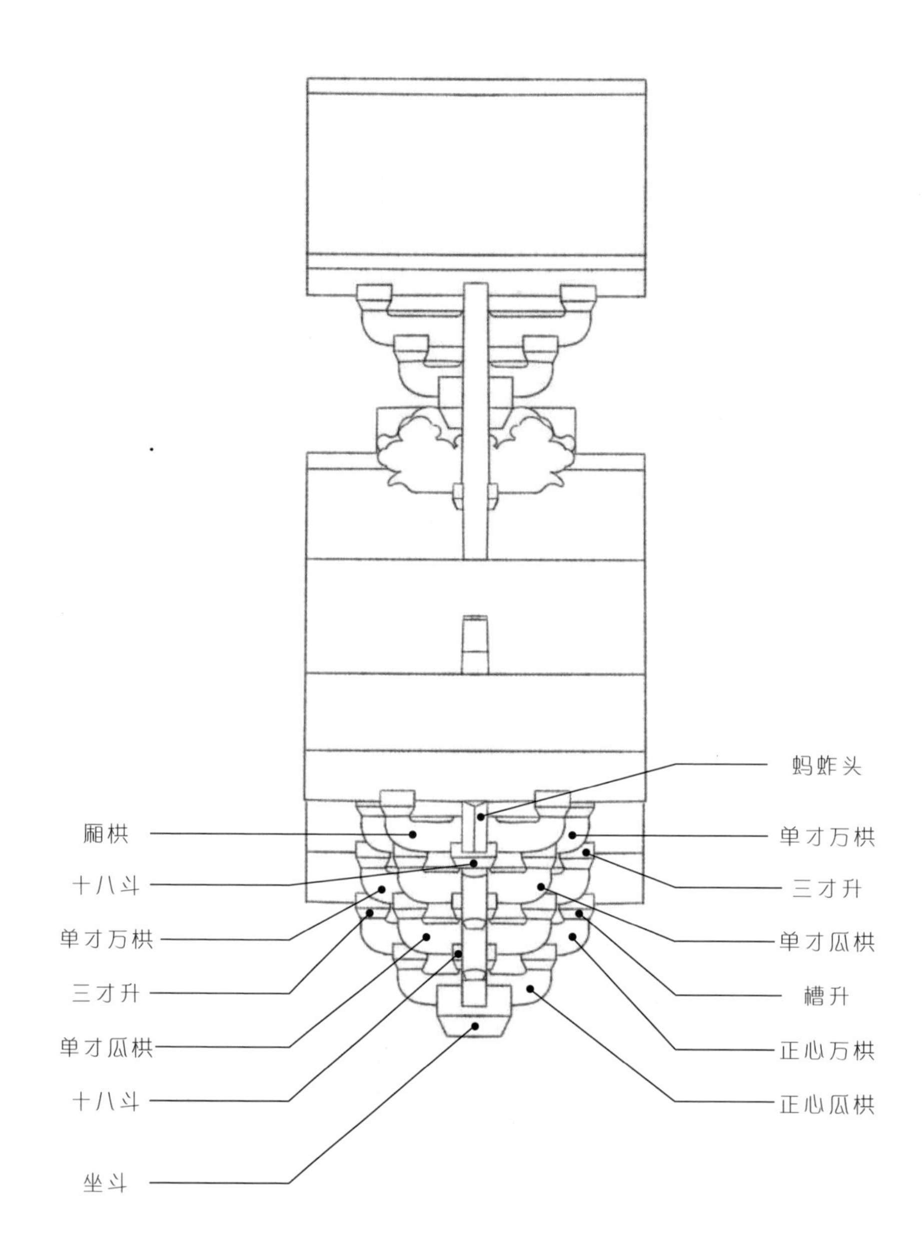

图 19　太和殿下檐溜金斗栱正立面